伊能忠敬の足跡をたどる

星埜　由尚

目次

カバーの伊能忠敬像　撮影／浦郷武夫

伊能忠敬像　酒井道久氏・制作　伊能　洋氏・監修

平成13年10月　伊能忠敬の測量開始200年を記念して、測量・地図・土地家屋調査士界の有志の基金で富岡八幡宮に建立された。

カバーの地図は、伊能大図第100号富士山（国立国会図書館蔵）

伊能忠敬の足跡をたどる

上総国小関村に生まれた伊能忠敬は、長じて下総国佐原の豪商伊能家に婿入りして商売に勤しみ、商才を発揮して伊能家の家業を発展させた。商売の傍ら、こどもの時から関心のあった天文暦学を余暇を見つけては勉強していたが、49歳で家督を息子に譲って隠居し、江戸に出て幕府天文方高橋至時の弟子となり、本格的に天文学を学んだ。天文学を深く学んでいくうちに地球の大きさに関心を持つようになり、子午線1度の長さを求めたいと言う願望が強くなり、蝦夷地までの距離を測るため、幕府に願い出て実現したのが蝦夷地測量である。

蝦夷地測量は、地図を作成するという名目で幕府の許可を得たが、その成果を地図にまとめ、幕閣からの高い評価を得て、さらに東日本の測量を続けよとの命を受けた。4次にわたって東日本を測量し、その成果である東日本の地図を幕府に提出し、将軍家斉もこれを見た。その結果、忠敬は幕臣に取り立てられ、西日本測量の命を受け、結局、10次にわたる全国測量を足掛け17年を要して成し遂げたのである。全国測量の成果は、「大日本沿海輿地全図」として文政4（1821）年に幕府に提出されたが、忠敬は、地図の完成を見ることなく、文政元年に亡くなる。享年73歳であった。

忠敬が率いる測量隊は、全国を約4万キロ、地球一周分に相当する距離を測量して廻ったが、その間の測量に纏わる記録が「伊能忠敬測量日記」（国宝）として伝わっている。測量日記は、測量についての記録が主体であり、忠敬本人の主観的意見や感想はあまり述べられていないが、ほとんど毎日欠かさず記されており、伊能忠敬全国測量の姿を測量日記から知ることができる。

測量日記と伊能測量隊が描いた地図から、伊能測量や当時の日本の姿を明らかにしたいと思い、平成22年から24年まで日刊建設工業新聞に「伊能忠敬の足跡をたどる」と題して60回にわたる連載コラムを掲載した。

このたび、公益社団法人日本測量協会が伊能忠敬没後２００年に当たってこの連載コラムを出版することとなり、若干の推敲と東日本の項目をいくつか加えて一冊にした。伊能忠敬の全国測量について関心が高まれば望外の幸いである。

なお、掲載した地図及び写真等については、その名称、範囲、所蔵先を各掲載個所に明記した。伊能図の方位の向きは一定していないが、九州沿海図以外は、すべて北を上とした。地名等の読みの向きが逆になる場合もあることをお断りしておく。

平成30年5月

星埜　由尚

伊能中図（提供　NISSHA株式会社）

伊能中図第１図北海道東部

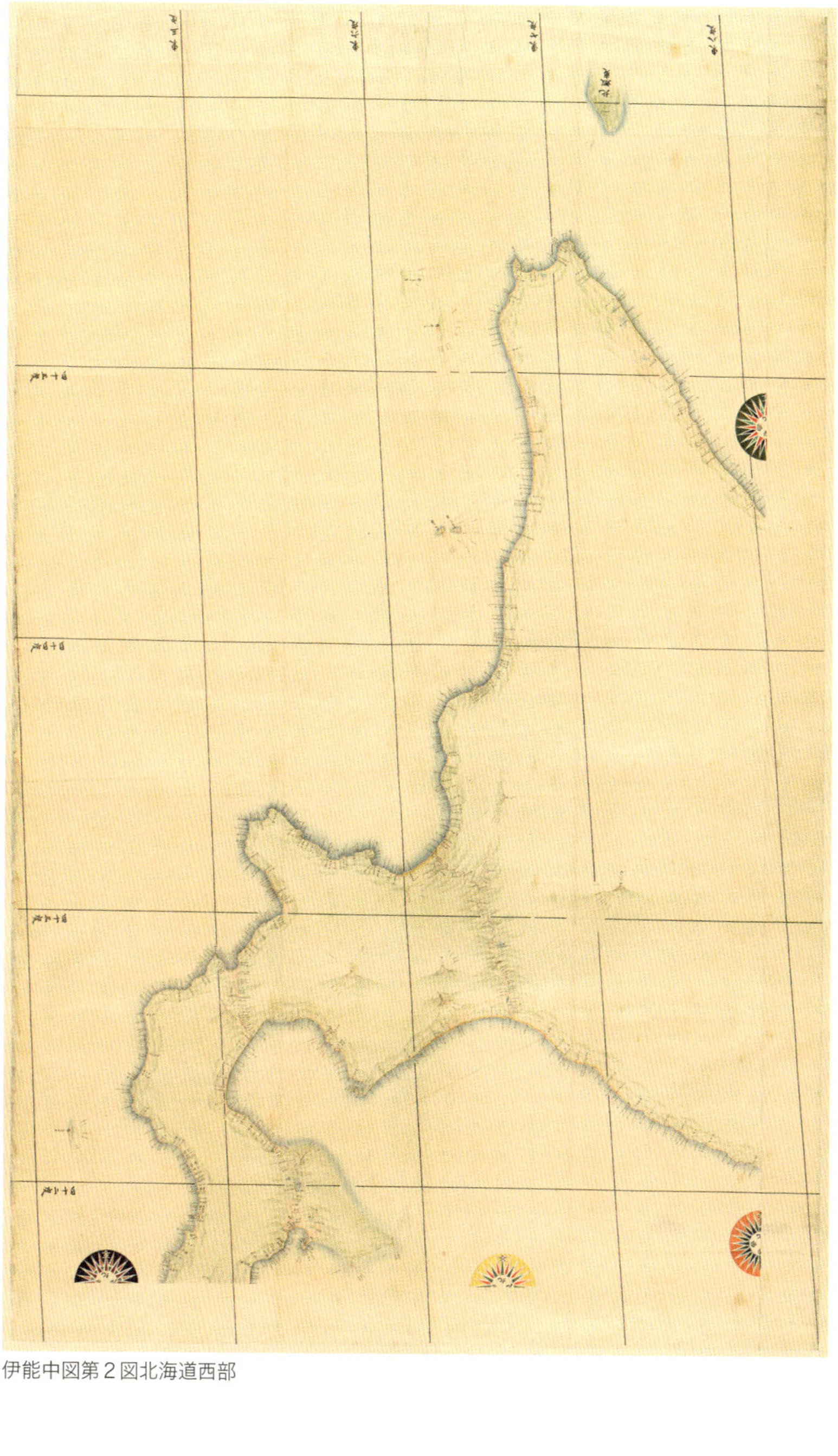

伊能中図第２図北海道西部

伊能中図第３図東北

伊能中図第４図関東

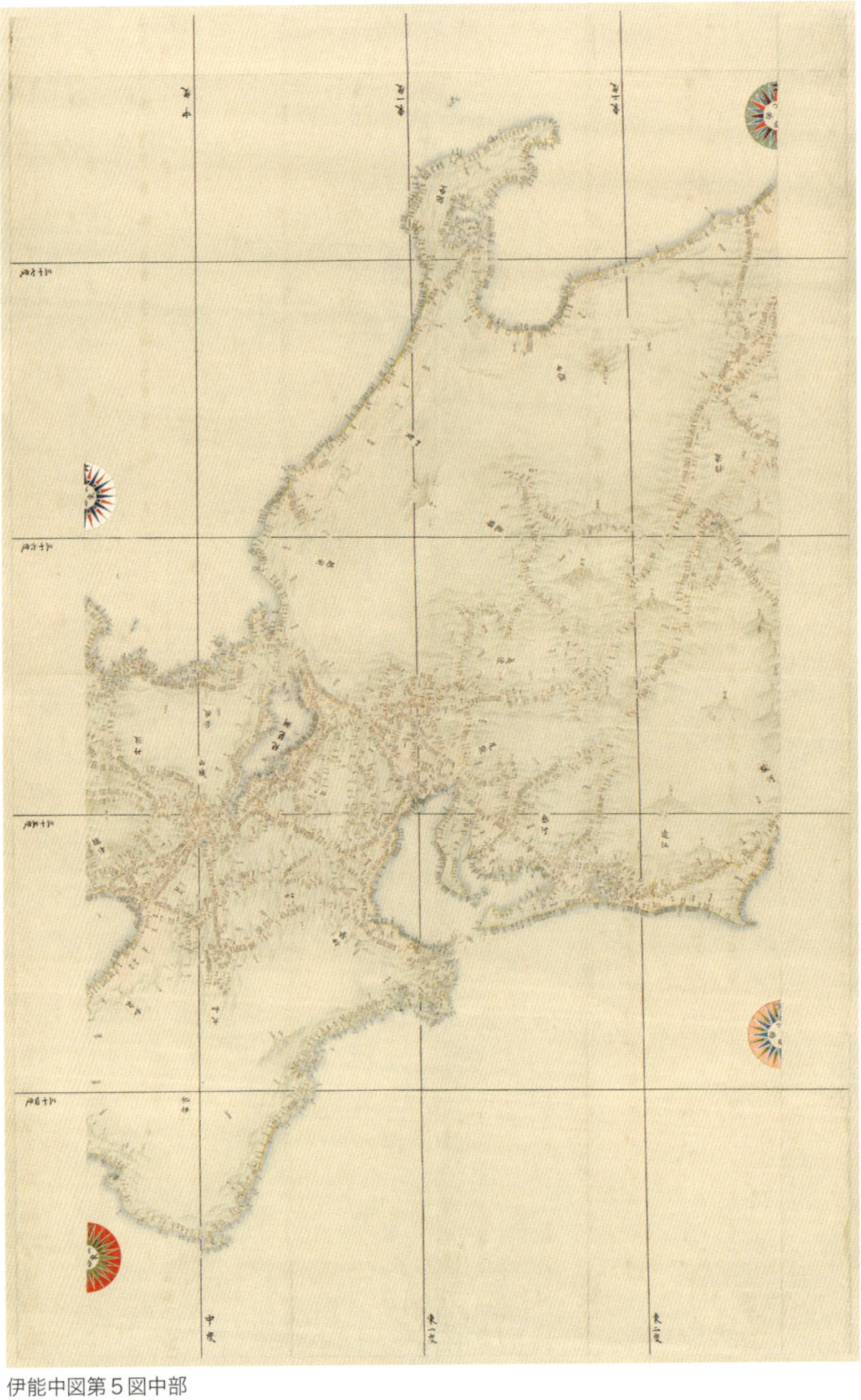

伊能中図第５図中部

伊能中図第６図中国四国

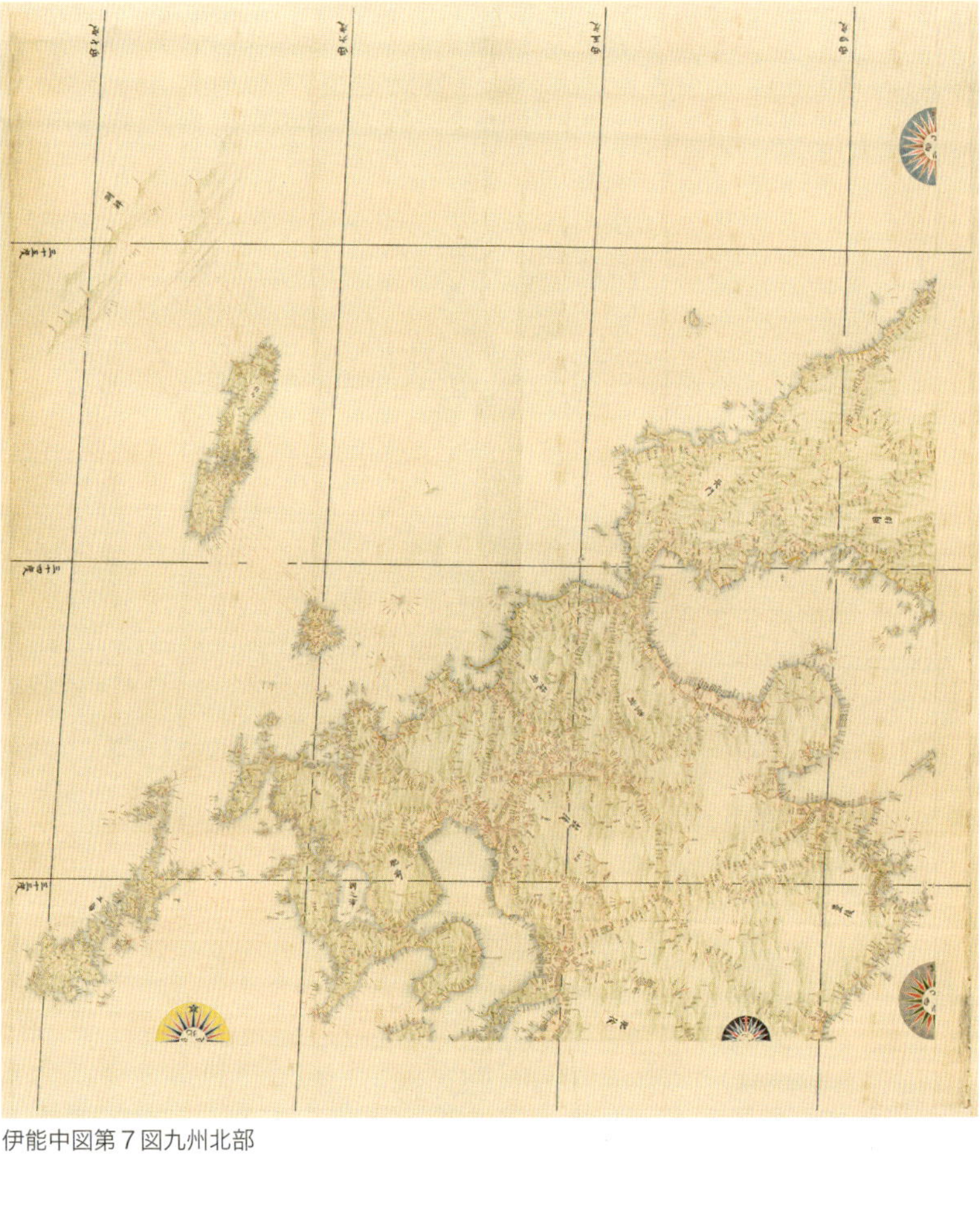

伊能中図第7図九州北部

伊能中図第８図九州南部

1　深川黒江町の忠敬隠宅

伊能忠敬は、読者諸兄姉もよくご存じのように、江戸時代後期に日本全国を初めて実測して日本地図を完成させた人物である。忠敬の全国測量は、10次にわたり、55才の時から足かけ17年を費やして行われた（第9次の伊豆七島測量は老齢のため不参加）。

下総佐原の豪商であった忠敬は、49才で家督を息子に譲り、佐原から江戸に出て深川に隠宅を構え、19才年下で幕府天文方の高橋至時の弟子となった。天文・暦学の勉強と自宅での天文観測に明け暮れ、至時からは「推歩先生」と呼ばれていたという。因みに、「推歩」とは、天体の運行を推し量ることであり、あまりに忠敬が熱心に天体の観測を行っているので付いたあだ名である。

忠敬は、天文学の勉強を進めていくうちに、地球の大きさを知りたいと思うようになった。そこで、隠宅と天文方の役所（暦局）まで羅針による方位と歩測による距離とを測り、子午線1度の長さを求めようとした。しかし、至時に距離が短すぎると一蹴され、少なくとも蝦夷地までの距離とを測らねばならないと諭された。そこで、当時異国船が出没し、幕府も危機感を強めていた蝦夷地の地図を作ると言う名目で幕府に願い出、蝦夷地の測量を許されたのが全国測量と日本地図作製に至るきっかけとなったのである。

忠敬の隠宅の近くに富岡八幡宮（図中矢印）があり、測量行は、毎回、八幡宮に参拝して無事を祈ってから出立した。そのような縁から、富岡八幡宮には、平成13年10月に広く浄財を集めて伊能忠敬の銅像が建立された。全国測量の成果である伊能大図（縮尺36000分1）の江戸の図には、忠敬の隠宅から測線（測量の軌跡）が描かれ、八幡宮、三十三間堂、洲崎辨天宮、小奈木川、羅漢寺、永代橋などが注記として記載されている。三十三間堂は、京都に倣って建てられたもので、同じように通し矢が行われていた。広重の江戸名所百景

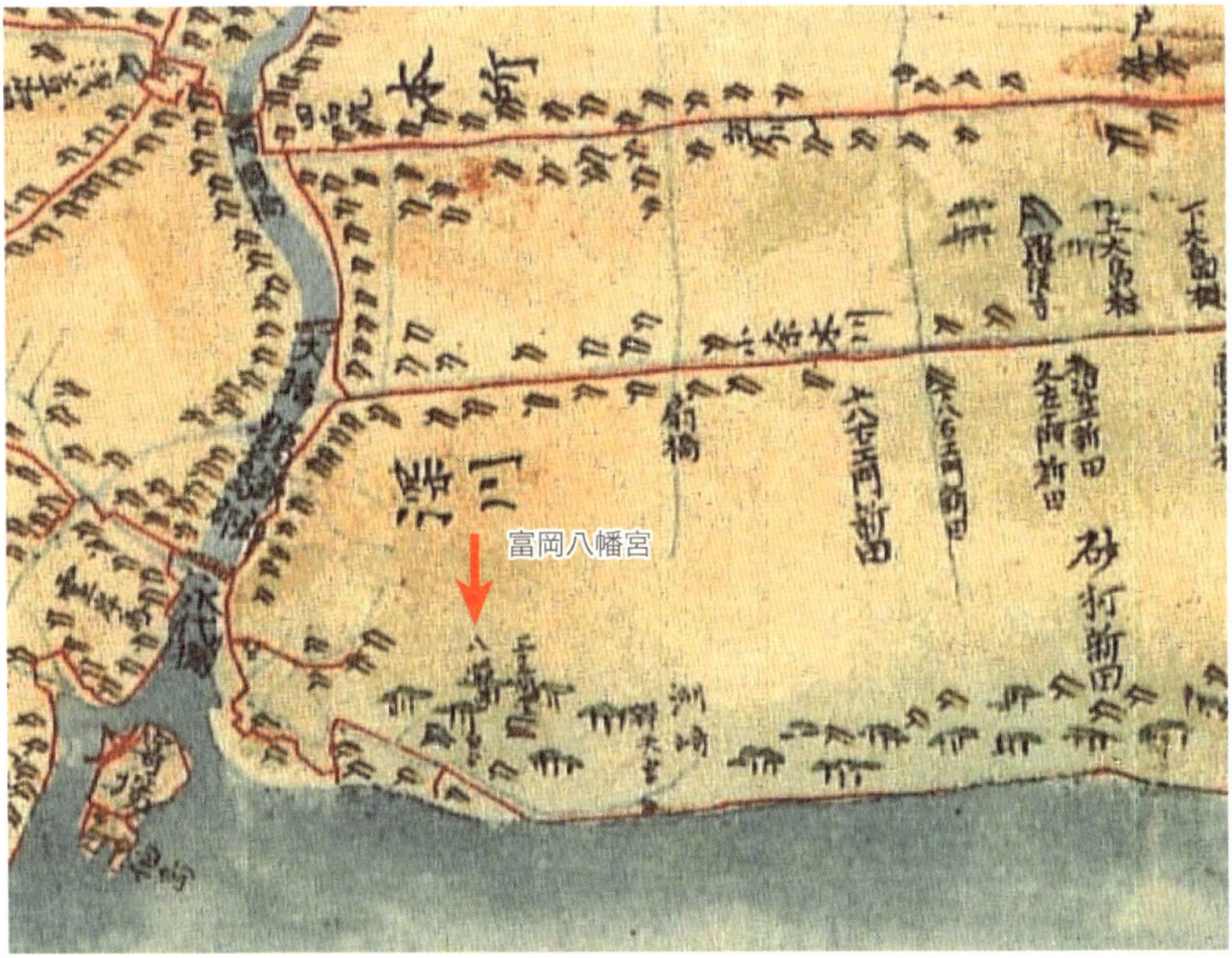

大図第90号深川周辺（国立国会図書館蔵）

にも描かれているが、現存しない。羅漢寺は、さざえ堂で有名であった。やはり江戸名所百景に描かれている。これも後に目黒に移転し、現存しない。

伊能図を見ると、海岸に並行する掘割や小奈木川などの運河を繋ぐ南北の河川など、現在の地形と大きくは変わらない。しかし、海岸線は大きく変化している。伊能図では、八幡宮の少し先は海岸で海である。現在は遙か南に海岸線は前進し、すべて埋め立て地になってしまった。当時、洲崎辨天宮(洲崎神社)は、海岸に面していたのである。

忠敬の時代、八幡宮界隈は大変賑わっていたそうである。現在でも門前仲町の界隈は、八幡宮や深川不動を中心に、深川飯などの名物の店で江戸情緒を残し、賑わいは変わらない。忠敬の隠宅は残っていないが、その跡に標柱が立っている。

伊能忠敬隠宅跡

2　浅草周辺を伊能大図に見る

伊能大図第90号江戸の図は、地名が第133図京都と並び最も多い図である。中でも寺院が数多く記載されている。浅草周辺を見ると、御米蔵、日本堤、東本願寺、頒暦所などが注記されている。浅草寺は、観音堂とならび、五重塔ではないかと思えるような先のとがった小さなものが描かれているのがよく見ると分かる。浅草寺の先には、日本堤があり、その外側には多数の寺院が描かれその名称が詳しく記載されている。日本堤は、山谷堀の溢水を防ぐため慶長年間に築かれた土手で、浅草から三河島のあたりまで土手が続いている。日本堤は新吉原に通う道であった。

浅草御米蔵は、幕府の米倉庫のあったところで、船で米を運び接岸するための堀割が櫛の歯状に見られる。御米蔵は、元和年間に隅田川を埋め立てて造成した土地に建てた幕府の蔵であり、旗本や御家人の扶持米を貯蔵した蔵である。周りを堀で囲み、舟を横付けできるようになっていた。一番から八番までの堀があった。大図でも堀が8つあるようにみえる。御米蔵のあたりには、札差が並んでおり、蔵前の地名は、御米蔵に由来する。御米蔵の下流両国橋の対岸には、明暦大火の無縁仏を回向するために将軍家綱が建てた回向院がある。隅田川の両岸には家並みが河岸に沿って描かれており、大きな甍を描いているのは寺社である。多数の寺社が記入されているが、その中で、寺社ではないが、頒暦所（図中矢印）と書かれているのが浅草の天文方の役所司天台である。忠敬が毎日のように通ったところであり、深川黒江町の隠宅との距離を歩測で測ったところである。

御米蔵からやや上流に行ったところに駒形堂と注記されている。駒形堂は、『江戸名所図会』に「駒形町《こまかたまち》の河岸《かし》にあり。往古《むかし》は此所に浅草寺の総門ありしといふ。本尊は馬頭観音なり。『浅草寺縁起』に、天慶5年安房守平公雅《たいらのきんまさ》浅草寺観音堂造営の時、この堂宇を建立ありしよしを記せり。」*と記されている。徳川家康が開府

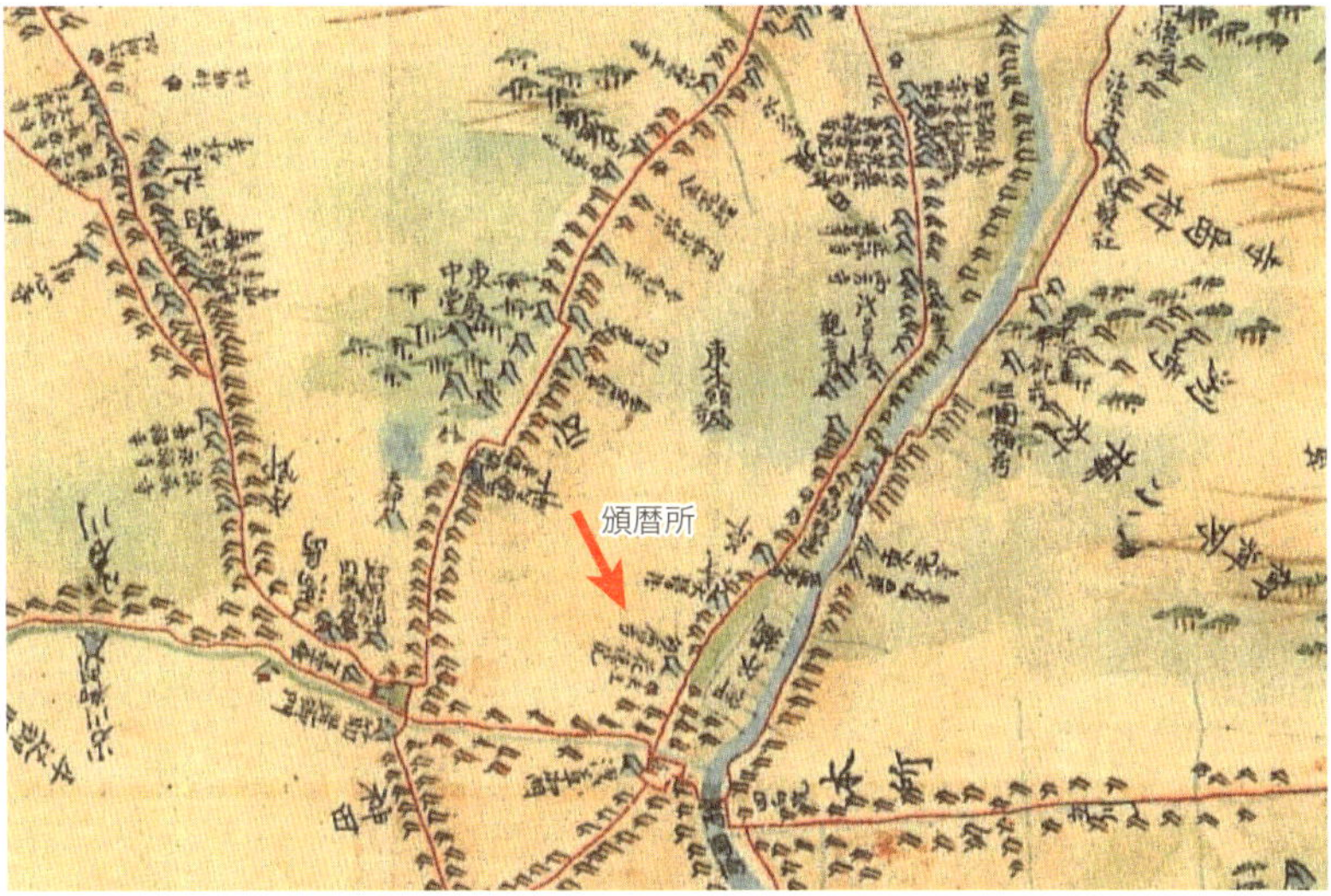

大図第90号浅草周辺（国立国会図書館蔵）

するはるか以前から駒形堂は存在していた。現在のお堂は、平成15年に建て替えられている。

浅草寺の隅田川を挟んだ対岸には、三囲《みめぐり》稲荷、牛御前、長命寺と記されている。このあたりは、第十次の江戸府内測量において測量された。測量日記にも、これらの寺社名の記載がある。牛御前は、牛島神社のことであり、現在は隅田公園にある。撫で牛という石でできた牛の像があり、身体の悪いところを撫でると効き目があるといわれている。長命寺は、桜餅で有名である。享保2年（1717）に長命寺門前で隅田川土手の桜の葉を塩漬けしてそれに包んだ餅を販売したことに始まるそうである。

暦局・天文台跡

＊ 鈴木棠三・朝倉治彦校註「江戸名所図会（五）」角川文庫

3　蝦夷地測量その1　東蝦夷地を測量する

寛政12年閏4月19日（1800年6月11日）江戸深川黒江町の隠宅を出立し、八幡宮に参詣して無事を祈り、蝦夷地測量へと向かった。この時忠敬55才（満年齢）、弟子3名、従僕2名の総勢6人であった。蝦夷地に渡るため三厩に着いたのは5月10日、やませが吹いており、なかなか渡海できず、三厩に長逗留してのち、5月19日に蝦夷の吉岡に渡り、蝦夷地を踏んだ。

忠敬の測量日記を見ると、蝦夷地には相当数の幕府の役人が駐在又は派遣されていたらしいことが分かる。幕府は、前年の寛政11年に、東蝦夷地を松前藩から上知（領地を返上させ幕領に編入すること）し、直轄とした。赤蝦夷即ちロシア艦船の出没は、幕府に相当な危機感をもたらしていたはずである。そのような状況が測量日記にも感じられるし、そのような情勢の中での伊能測量に対する幕府の期待もあったであろう。忠敬自身も自覚があったに相違ない。忠敬は、国後《くなしり》、択捉《えとろふ》、得撫《うるつぷ》まで測量することを考えていたのである。

蝦夷地では、松前とニシベツ（別海町本別海）の間がこの時測量された（海岸線は松前とアッケシの間）。蝦夷三険といわれる新道もこの頃開削され、忠敬は礼文華《れぶんげ》山道、猿留《さるる》山道を通過している。礼文華山道は噴火湾の北岸、渡島支庁と胆振支庁の境界部に当たり、日本海と太平洋の分水界が噴火湾から切り立つ海蝕崖上にあるところである。そのため、道は海岸を離れ、険しい山道となり、峠を越して測量して行くのに大変苦労したようである。描かれた大図を見ると測線（測量の軌跡）が細かく折れている。

猿留山道は、襟裳岬を避けて山を越える道である。襟裳岬の辺りは今でも「黄金道路」などといい難所だが、シャマニ（様似）からホロイズミ（えりも町本町）の測量では、草履もすり切れ、暗くなってしまい甚だ困窮していたところ、会所からの迎えの提灯が見えたときには「地獄に仏」の心地がしたと測量日記に書いている。

中図第１図北海道東部（NISSHA株式会社蔵）

第1次測量終了後、蝦夷地の地図を作成したが、そこにはホロイズミからサルルまで山道を越えた測線が描かれており、襟裳岬は不測量となっている。一方、全国測量終了後まとめられた最終版伊能図では、襟裳岬を廻る測線が明確に描かれており、猿留山道の測線は描かれていない。

忠敬が不測量のまま残した蝦夷地北半は、間宮林蔵によるとされているが、襟裳岬の測量も伊能測量ではなく、間宮林蔵による可能性がある。忠敬は蝦夷地の測量は歩測によるもので精度が良くないことは承知していた。敢えて最終成果では猿留山道の測線は描かなかったのであろう。

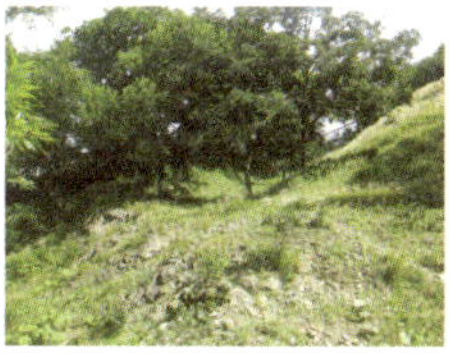

猿留山道跡

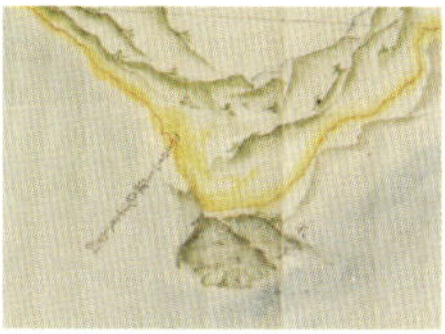

松前距蝦夷行程測量分図
自ミツイシ至ビロオ，ホロイズミーサルル
（国立公文書館）

4　蝦夷地測量その2　箱館に到着する

第一次蝦夷地測量では、奥州街道を測量し、津軽半島の三厩から蝦夷地に渡った。三厩に寛政12（1800）年5月10日に着いたが、やませが吹きなかなか出港できず、9日間逗留し漸く19日に箱館へ向かって船が出た。ところが、風向きがよくなかったのであろう、箱館には向かえず、吉岡に着船した。次の日に吉岡から再び船で函館に向かう予定であったが、結局船は出ず、箱館まで徒歩で向かった。風待ちの逗留の間も、条件が良ければ天測などを行っている。帰路は、松前から三厩に向かったが、このときは、滞留することもなく順調に進み、三厩に着いた。

幕府は、寛政11年東蝦夷地を松前藩から上知させ、5名の蝦夷掛をおいて東蝦夷地を直轄地として経営に当たった。このとき、蝦夷掛は箱館に役所を設けていたが、手狭なため、蝦夷掛の1人三橋藤右衛門成方は、亀田の役所に駐在していた。そのため、忠敬も、函館に到着すると、箱館の役所に到着の届を出すとともに、亀田の三橋藤右衛門にも到着の書付けを提出している。測量日記には箱館役所の蝦夷御用会所に立ち寄ったと記しており、蝦夷地御用取扱人は、柄原屋庄兵衛、村山伝兵衛、平岩屋平八、伊達屋林右衛門であると記録されている。これらの取扱人は、名前を見ても御用商人であろう。蝦夷地の経営には、蝦夷地に利権を持つ商人が深く関わっていたのであろう。

箱館には6日間逗留し、5月28日に箱館役所に出立の届を出し、役所の添触れとともに箱館からクナシリまでの先触れを発出した。クナシリまで渡るつもりであったことが分かる。先触れは、馬1匹と人足3人を規定の賃銭で遅滞なく手配し、渡海、川越、止宿についても差し支えないようにお願いする、との内容である。翌29日蝦夷地測量に出立した。

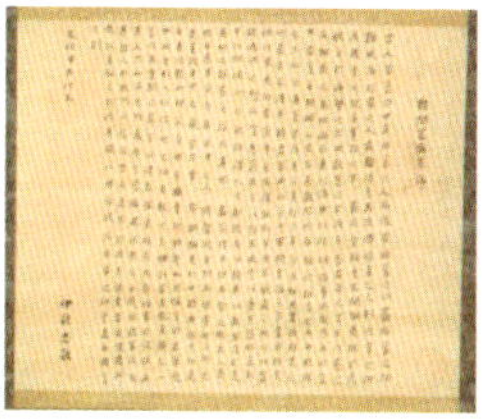
贈間宮倫宗序（国宝）

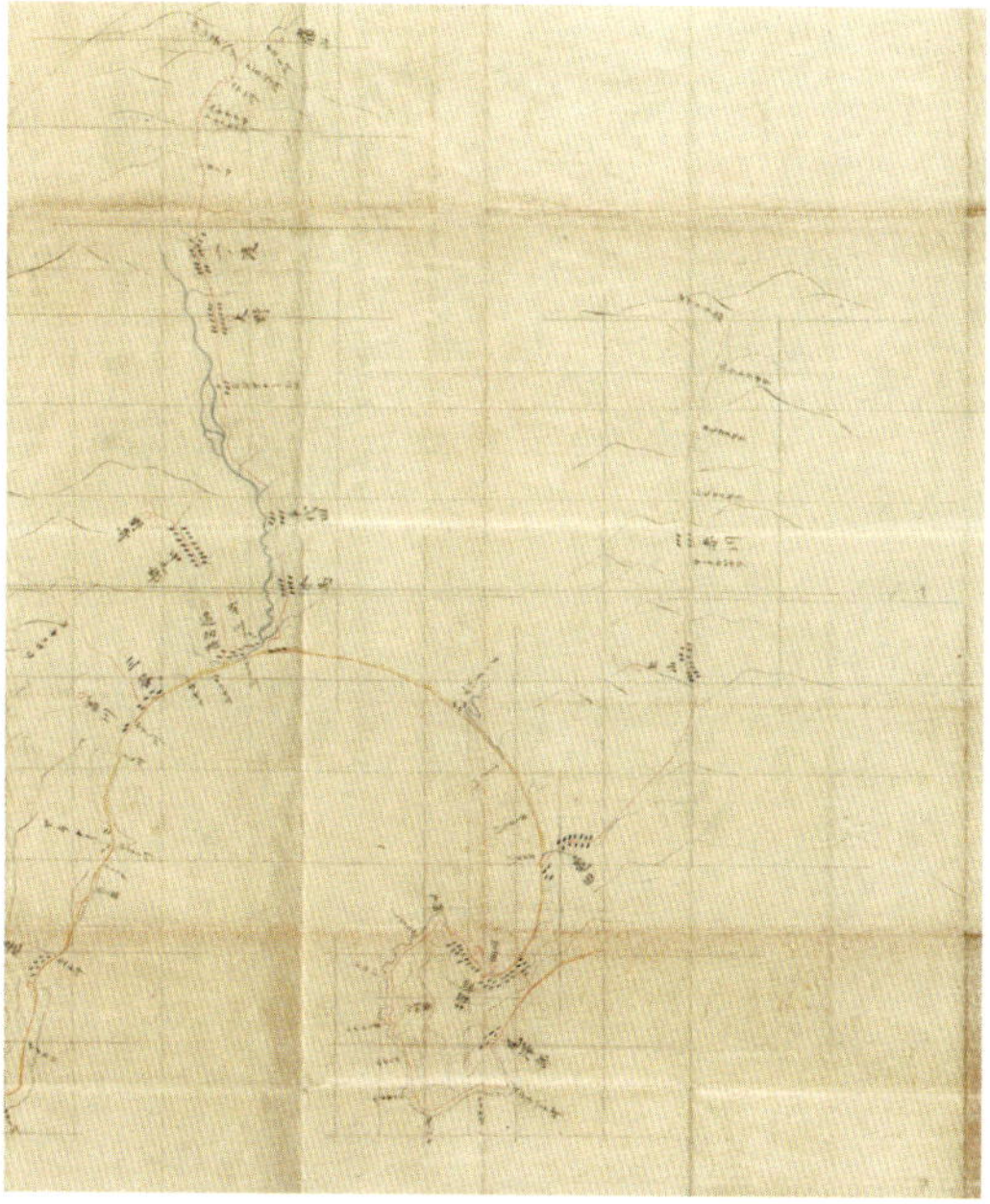
大図第32号箱館周辺（アメリカ議会図書館蔵）

箱館から大野村に向かい、間縄で距離を測ろうとしたが、時間がかかるため、やむなく歩測で測ったと測量日記に書いており、本来間縄を用いて測量するつもりであった。伊能忠敬の歩測として有名であるが、歩測は止むを得ず採用されたのである。

大野村で村上島之丞に会っている。村上島之丞は、近藤重蔵に従事し、幕府の蝦夷地調査に随行した人である。測量術にも長けており、忠敬が面会したときには、間宮林蔵が村上島之丞に師事していたと云われ、忠敬も林蔵に会ったはずであると言われている。測量日記には、間宮林蔵については触れていないが、のちに林蔵が蝦夷地測量を行ったときには、忠敬が激励の序を林蔵に与え、その中で、蝦夷地測量の際に林蔵に相まみえたと記している。

5　蝦夷地測量その3　噴火湾岸を行く

蝦夷三険のひとつ礼文華山道の難所を越えた伊能測量隊は、6月10日レブンゲ（豊浦町礼文華）の詰合出役小屋に宿泊する。レブンゲの家はすべて仮屋であったが、翌日アブタ詰合の幕府支配勘定田辺安蔵がレブンゲに出役してくると、小屋を譲り仮屋に移る。6月12日にオムシャと言う行事があり、田辺から近隣のアイヌの人たちが盃をもらう。この行事にちょうど居合わせ、測量日記に記している。オムシャは、アイヌ撫育のための年中行事であった。

レブンゲからアブタ（洞爺湖町）に向かう。田辺も同行した。噴火湾の北岸を測量して行ったが、山越えと海辺が入り交じり大難所であると測量日記に記している。アブタでは会所に宿泊し、田辺の居間の奥の部屋に泊まったと記している。この頃は、新暦で言えば真夏であったが、やませが吹き寒かったようである。袷を着たと測量日記に書いている。

アブタからは有珠山を見たであろう。有珠山の方位角は、噴火湾の南岸から測っている。有珠山は、伊能測量当時は小康状態であったようで、伊能図にも噴煙などは描かれていないが、山頂部は、焦げ茶色に塗られ、火山であることを表現している。有珠山は、伊能図完成後の文政5年に噴火している。伊能図には洞爺湖は描かれていない。

アブタからモロラン（室蘭）で宿泊し、ホロベツ（登別市幌別）に向かった。現在の室蘭は、噴火湾に突き出た半島部に市街地が発達しているが、伊能測量当時は、半島の海を挟んで北側にモロランがあった。エトモ詰合の松田仁三郎仮屋のほかすべて仮屋で、半島部のエトモに会所があった。蝦夷地からの帰路には、エトモの会所に宿泊し、対岸のモロランに船で渡っている。モロランには、幕末に北方警備のため南部藩の陣屋が設

大図第30号レブンゲ付近（アメリカ議会図書館蔵）

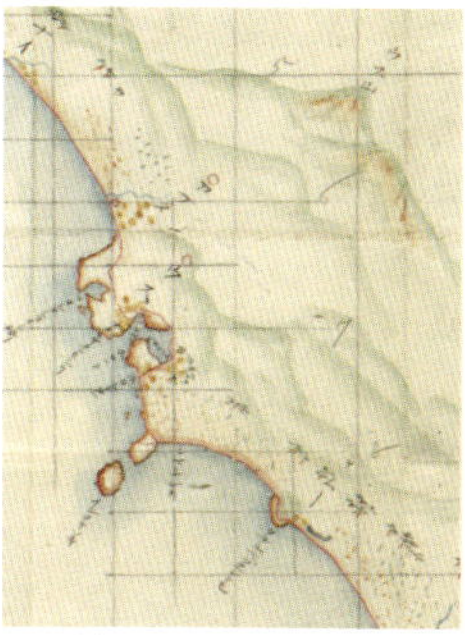

大図第30号ウス付近
（アメリカ議会図書館蔵）

大図第29号モロラン周辺
（アメリカ議会図書館蔵）

けられた。

第一次測量後に作成した地図と最終成果の地図を比較すると、モロランとエトモでの測線には大きな違いがあり、最終成果の地図には、第一次測量の成果は採用されず、その後の間宮林蔵の測量成果を使用したものと思われる。最終成果においても、室蘭半島部の南岸の海岸線は測線が描かれず、急峻な海蝕崖に阻まれて測量できなかったことがわかる。

エトモでは、前節でも述べた当時蝦夷地取締御用掛三橋藤右衛門の用人から、天文暦学の歴史や中国、西洋からの伝来について認《したた》めて三橋まで提出して欲しいとの手紙を受け取る。三橋藤右衛門成方は、寛政10年の幕府の蝦夷地調査隊の責任者を務めた人物であり、当時箱館に詰めていた。測量日記には記録されていないが、三橋に天文暦学について説明したことがあったのであろう。

6　蝦夷地測量その4　根釧原野を行く

襟裳から十勝の海岸を測量し、7月24日にはクスリ（釧路）に到着した。クスリに詰めている幕府支配勘定菊池宗内、普請役庵原久作は他所に出かけており、勘定組頭村田鉄太郎殿が止宿していたのでご機嫌伺いをしたと測量日記には書き留めている。測量日記には、幕府の役人との同宿や行き会う記事が他にも多くあり、前年に松前藩から上知され、幕府の直轄地となったため、幕府の役人も蝦夷地に出張していたことが知られる。

クスリからコンブムイ（昆布森）、ホンセンホウシ（仙鳳趾）まで海岸を測量するが、100～200mの丘陵の端が海蝕崖となり、海岸を測量できず、丘陵の上に新たに開削された山道を測って行かざるを得ないところも多かった。ホンセンホウシから厚岸彎の湾岸を通行することができず、アッケシ（厚岸）まで船で行った。船には、ホンセンホウシで一緒になった同心関谷茂八、丹羽金助が同乗した。アッケシには、幕府勘定太田十右衛門、普請役戸田又太夫、木津半之丞が詰めていた。アッケシで幕府の御用状とともに江戸への書状を届けてもらうように依頼する。

アッケシから船で厚岸湾と川（チライカリベツ川）を2里渡り、さらに陸行5里でノコギリベツ（茶内）に到着した。ノコギリベツから約6里でアンネベツ（姉別）には8月3日に到着し、番屋に泊まった。ネモロ（根室）からの船を待つが、船は来ないため6日まで逗留し、漸くニシベツ（別海町本別海）から来た船でフウレントウ（風蓮湖）を渡り、ニシベツに着いた。

ニシベツには、ネモロに詰めている幕府勘定大嶋栄治郎、普請役井上辰之助、勤方村上治郎右衛門が出役していた。そこで、ネモロへの渡航を申し出ると、ネモロでは鮭漁の真っ最中で人手不足もあり対応しかねるので、できればネモロ渡航は諦めて欲しいとのことである。結局、ネモロでの測量は諦め、ニシベツからアッケ

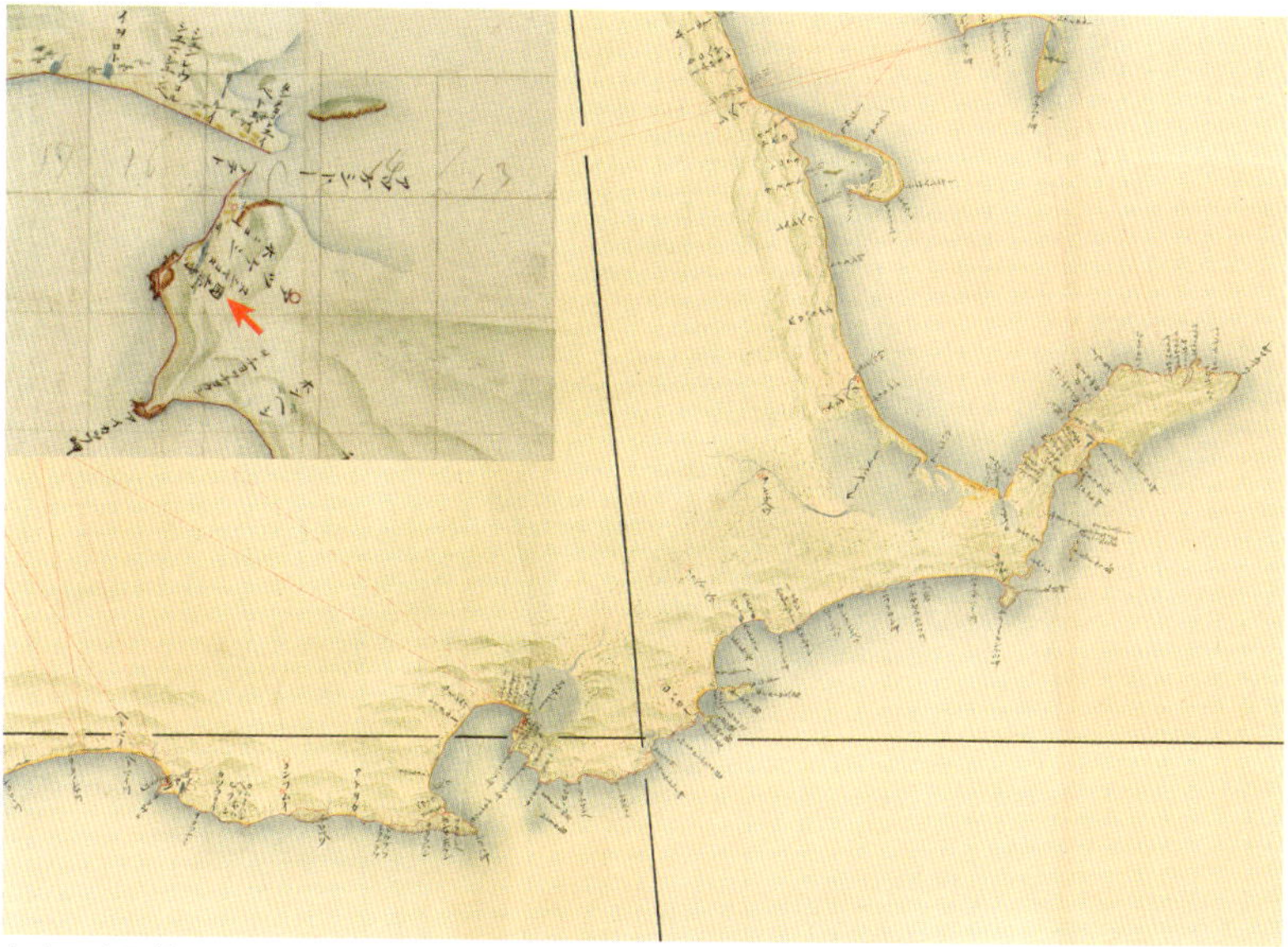

左上：大図第22号アッケシ（アメリカ議会図書館蔵）
中図第１図クスリーノツケ（NISSHA株式会社蔵）

シへ戻ることにした。

　このようにクスリからニシベツまで陸路もままならず、順調に測量できたわけではないが、天候さえ許せば、夜中の測量や太陽の観測も欠かさず行った。ニシベツからは、クナシリやネモロ、ノツケの方位を測っている。

　秋の彼岸も過ぎ、8月9日にニシベツを出立した。出立前に飛脚便で先触れをアッケシに向けて出す。測量日記に記されているように、当時の蝦夷地には、十分とは言えないまでも宿泊の施設があり、交通通信の便もあった。江戸時代の蝦夷地は、不毛の地という先入観があるが、幕府はそれなりの基盤整備を行っていたことが測量日記からよく分かる。

　大図を見るとアッケシには第一次測量後の文化元年に建立された国泰寺（図中矢印）が注記されており、厚岸湾の周囲の測量、は間宮林蔵の測量であることを暗示している。

7　蝦夷地測量その5　野付半島の伝説の町

蝦夷地北半の地図は、間宮林蔵の測量成果に基づくものであるとされていることを既に述べたが、野付半島の地図は伊能忠敬の測量成果ではない。間宮林蔵は、伊能忠敬のように日記を残さなかったため、どのような行程と態勢で測量したかよくわからないが、野付半島の先端「セツフヲタ」と書かれた地名まで測線が描かれており、先端付近には、「フッケ」と記される集落が描かれている。「フッケ」は、陸軍が明治初期に模写したときの誤りで「ノツケ」が正しい。この地名には朱の○がついており、これは宿駅の記号である。200年前には確かにこの地に集落があったのである。

私は、数年前に野付半島を訪れたことがあるが、トドワラ、ナラワラと呼ぶ枯れた森が残っており、荒涼とした風景が続き、それを見に行く観光地となっている。しかし、途中にはゲートがあり、岬の先端に行くことはできない。現在は、人が住む集落は皆無である。

伊能図に描かれた集落のあとは、近年発掘され、通行屋遺跡と呼ばれている。別海町郷土資料館によると、幕府は、寛政11（1799）年に松前藩から東蝦夷地を上知して直轄とし、野付通行屋を設置した。大図の測線は、ノツケで短い測線を分岐させているが、その先に通行屋があったのであろう。当時ロシア艦船の出没などに危機感を抱いた幕府は、近藤重蔵、最上徳内なども加わった大調査団を蝦夷地に派遣した。近藤重蔵が「大日本恵登呂府」と書いた木柱を択捉に立てたのもこの頃である。国後にはノツケから渡ったため、通行屋が設置され、渡航船が常備されて蔵なども建てられにぎわった。鮭漁の季節には多数の番屋が作られ、ネモロ方面から和人やアイヌが集まったとも言われている。伝説では「キラク」という町があったと言われている。

この遺跡からは、建物跡、日常の食器などが発見され、会津藩士の墓も残っているそうである。当時に比べ

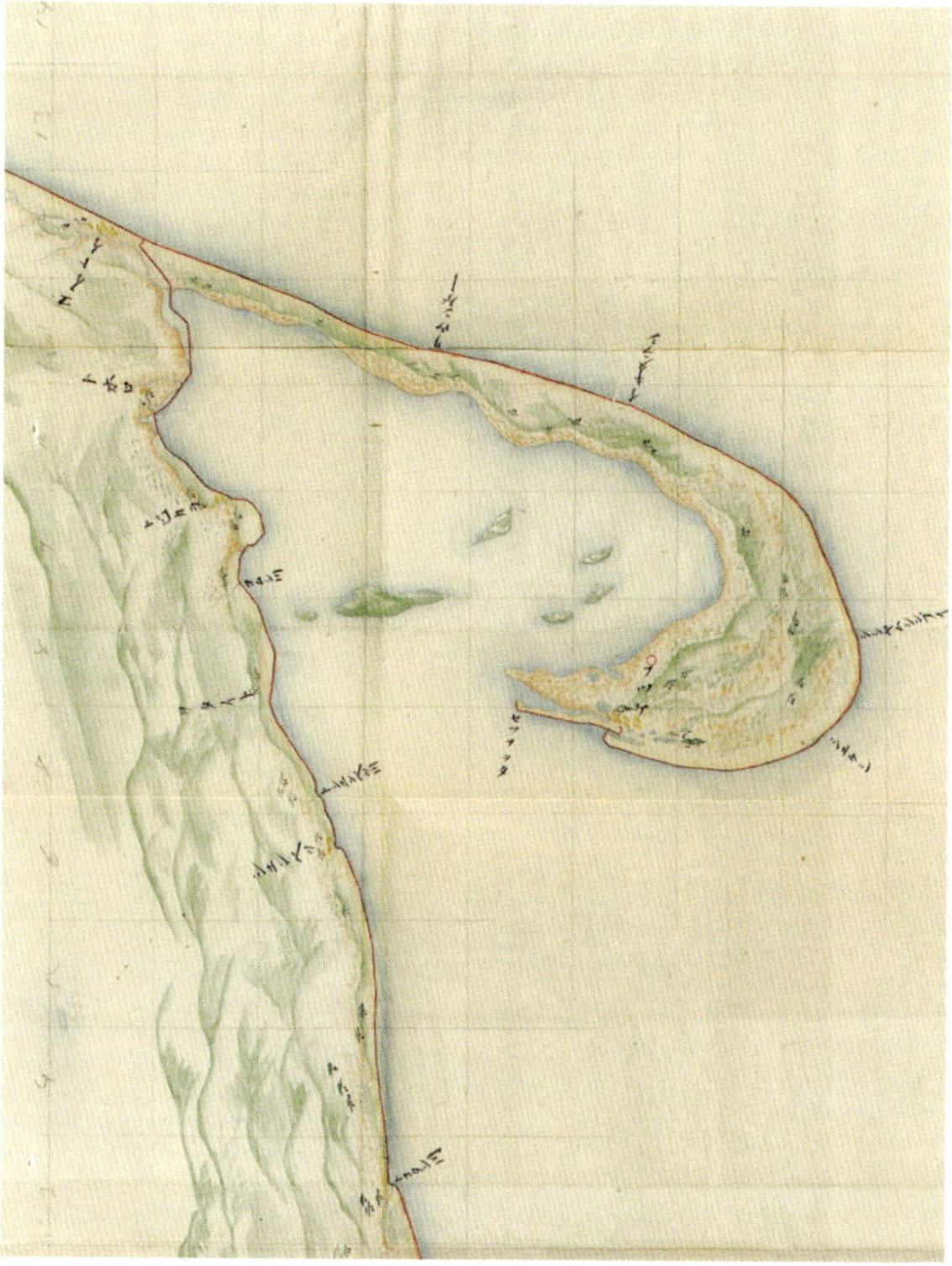

大図第5号ノツケ付近（アメリカ議会図書館蔵）

海面が相対的に上昇し、一部は海底に沈みつつあるようである。伊能大図の野付半島と現代の地形図での野付半島と比較すると、海老のような形をした野付半島の海老のしっぽの部分で伊能大図の方が巾が太く、背中の部分では、現在の方が巾が太い。野付半島の先端部は、江戸時代に比べるとやせてきているわけで、「キラク」の街は海中に没しているという言い伝えとは整合する。

　間宮林蔵の測量は、ノツケが国後への渡航や鮭漁でもっとも栄えた時期に行われたのであろう。このような歴史は、余り知られていないが、幕府が北方に目を向け国後・択捉についての明確な領土意識を持っていた証として語り継ぐ必要があろう。

8　蝦夷地測量その6　石狩川の河道を測量

石狩川下流域は、北海道第一の川として明治以降開発が進み、札幌を中心として開けた地である。伊能忠敬は、この地を訪れることはなかったが、間宮林蔵が、石狩川を測量し、その成果を使って蝦夷地の伊能図は作成されたとされている。松前からニシベツに至る蝦夷地の南半部は、第一次蝦夷地測量終了後、地図が作成されたが、全国測量終了後に作成された最終成果の地図とは測線に多くの違いがあり、第一次測量の成果は最終成果では利用されなかった可能性がある。当時西蝦夷と呼ばれていた北半部は、間宮林蔵により測量されたとされ、伊能忠敬は、第一次測量が歩測により行われ、精度も十分でないことはよく分かっていたので、蝦夷地の伊能図はすべて間宮林蔵の成果によるものである可能性もある。

伊能忠敬が測量日記を残したのに対し、間宮林蔵は、日記の類の記録を残さなかったため、毎日の測量行程が不明で、測量の実態はわからない。しかし、伊能大図を見ると、石狩川の河口のイシカリフトの辺りでは河岸に沿って測量していることが測線の描き方からわかるが、その他は、大部分川の中に測線が走り、舟を用いて縄を引き測量していったことがわかる。当時の石狩低地は、泥炭地の広がる卑湿な土地で、陸上を歩いて測量することが困難であったと推測される。しかし、安定しない舟の上で小方位盤を用いて方位を測り、縄を延ばして距離を測るのも至難の業であったと思われる。

石狩川は、明治以降河川改修が行われ、蛇行している河川流路が直線化され、大きく姿を変えた。伊能大図に描かれているのは、近代土木技術により河川が改修される以前の原始河川の様相である。流路の直線化により取り残された河跡湖に伊能大図の石狩川流路を重ねてみるとほぼ正確に重なる。間宮林蔵の測量技術もなかなかのものであったことが読み取れるのである。

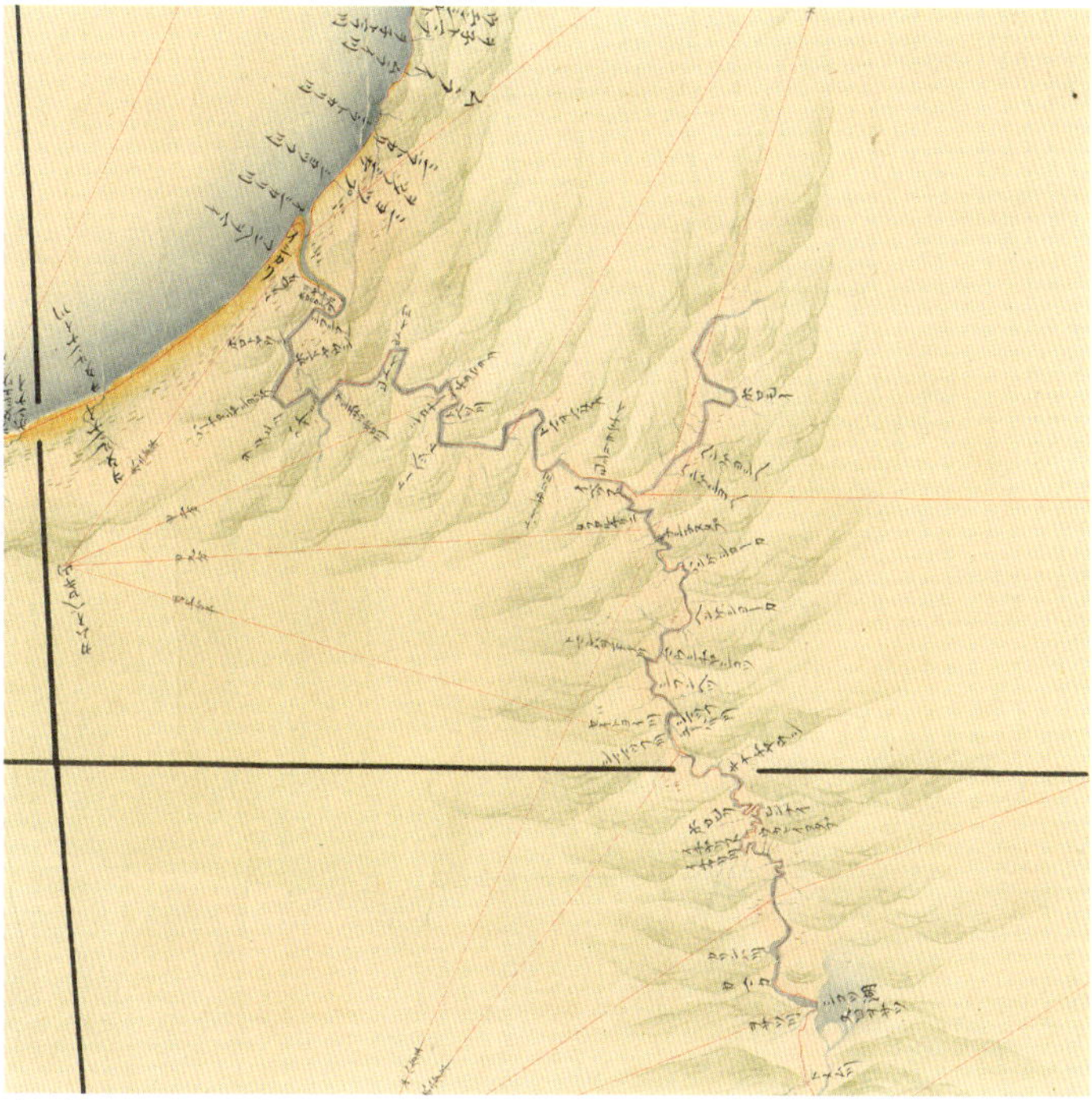
中図第２図石狩川（NISSHA株式会社蔵）

伊能大図を見ると、石狩川に沿って山が多数描かれ、石狩川は、山地を穿ち穿入曲流（屈曲する谷中を流れる河川）のように見える。これは、間宮林蔵の測量データを用いて地図化した伊能忠敬の弟子や天文方下役が現地を知らないため、穿入曲流であると誤解して地図を仕上げたためであると言われている。また、石狩川に沿って小さな集落が描かれ、アイヌ地名が詳しく注記されている。石狩川河口のイシカリフトは、比較的大きな集落に描かれ、宿駅の記号（〇）が付いている。この頃は、幕府が蝦夷地すべてを直轄にした時期であり、幕府の会所などもあったのであろう。よく札幌はどこに描かれているかと聞かれることがあるが、もちろん、札幌の姿はどこにも描かれていない。この２００年の間に最も変化した地域のひとつである。

9　吹雪の下北半島を行く

第二次測量において、忠敬一行は、三陸海岸の測量を終え、八戸から下北半島を一周した。この頃は、旧暦十月の中旬となり、測量日記によれば、連日のように雪が降っている。下北半島は、村の間隔も長く、浜三沢村（三沢市）から平沼村まで向かった日には、大吹雪となり、風が強く雪と砂を吹き散らし、歩行も難しく、忠敬が乗っていた駕籠は戸障子も吹き飛ばされ、駕籠の中まで雪が降り込み、外と同じであったと測量日記に書いている。結局測量できず翌日残った部分の測量を行っている。忠敬は、時々駕籠も使ったようである。厳密な意味で全国をすべて歩いて測量したわけではない。特に無測で通過する場合は、駕籠を用いたようである。

下北半島は、斧のような形をしているが、斧の取っ手の部分は、長い直線的な砂浜が続き、測量自体は容易であっただろう。しかし、集落はまばらである。伊能大図には、海岸からやや離れて所々に集落が描かれているが、天候の悪いなか、人家も見えない寂しい海岸を少人数で測量していく姿が目に浮かぶようである。村から案内人が出て、名主の家などに泊まったが、雪も降る寒い一夜を陋屋《ろうおく》で過ごすのは、現代人では到底なしえないことではなかったかと思う。斧の部分に当たる大間崎、仏ヶ浦などは、断崖が続き海岸線を測量できず、陸側に測線が描かれている。仏ヶ浦に続く斧の西側の海岸では、九艘泊《くそうどまり》という入り口の集落まで行ったが、あまりに険しく引き返している。

下北半島で大きな町は田名部《たなぶ》（むつ市田名部）であった。田名部では、雪も降り、菊池重右衛門という人の家に泊まったが、そこに僧侶、医師、商人など多数の人が集まってきたことが測量日記に記されており、「此所は奥北にまれなる所にて寺院医師その外表立ちし人々学文を好み詩歌等もなる人あり」と書いている。三陸の唐丹《とうに》村（岩手県釜石市唐丹）には、忠敬生存中に顕彰碑を建てた地元の学者（葛西昌丕《かさいまさひろ》）がいたが、江戸後

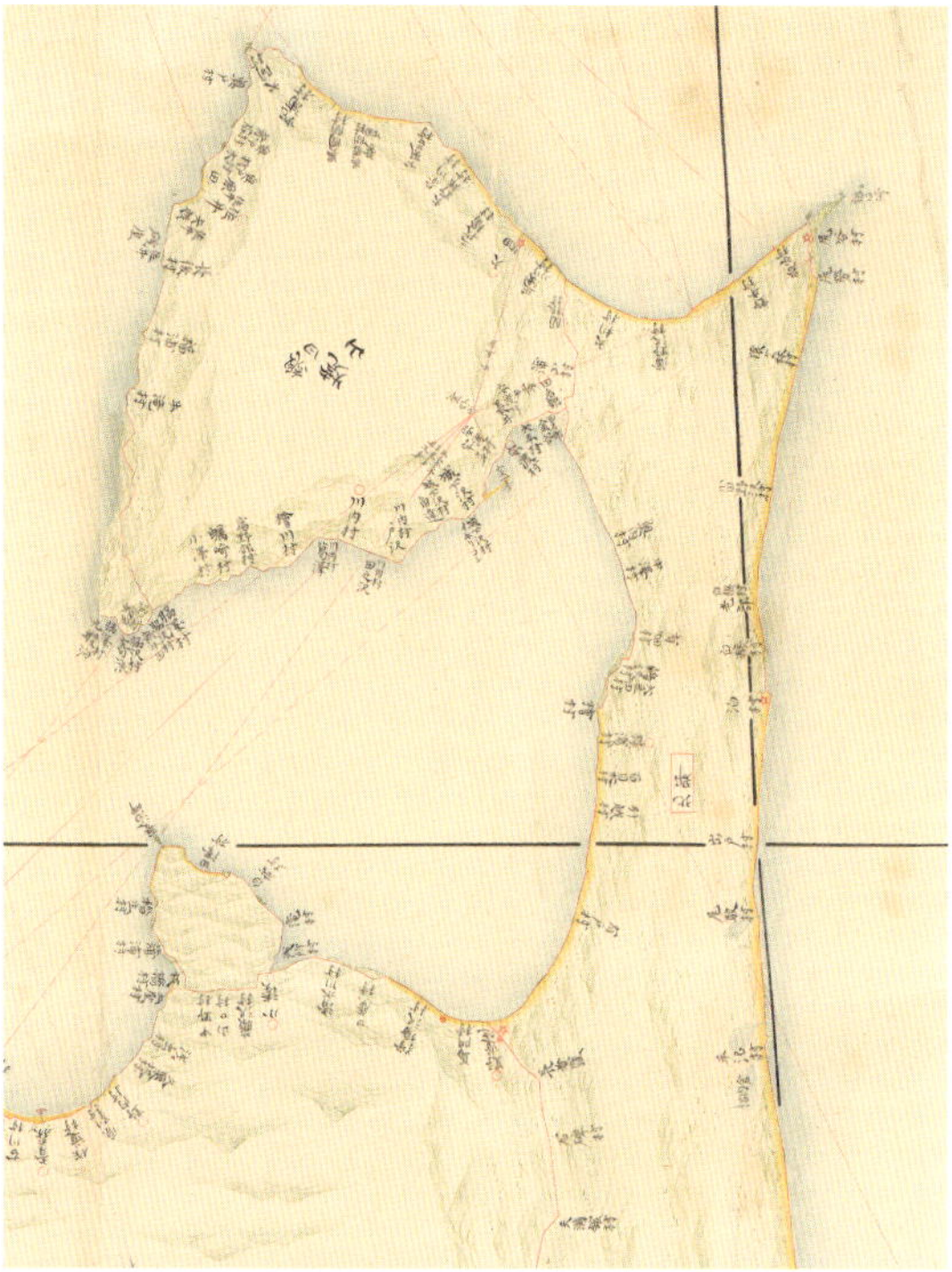

中図第３図下北半島（NISSHA株式会社蔵）

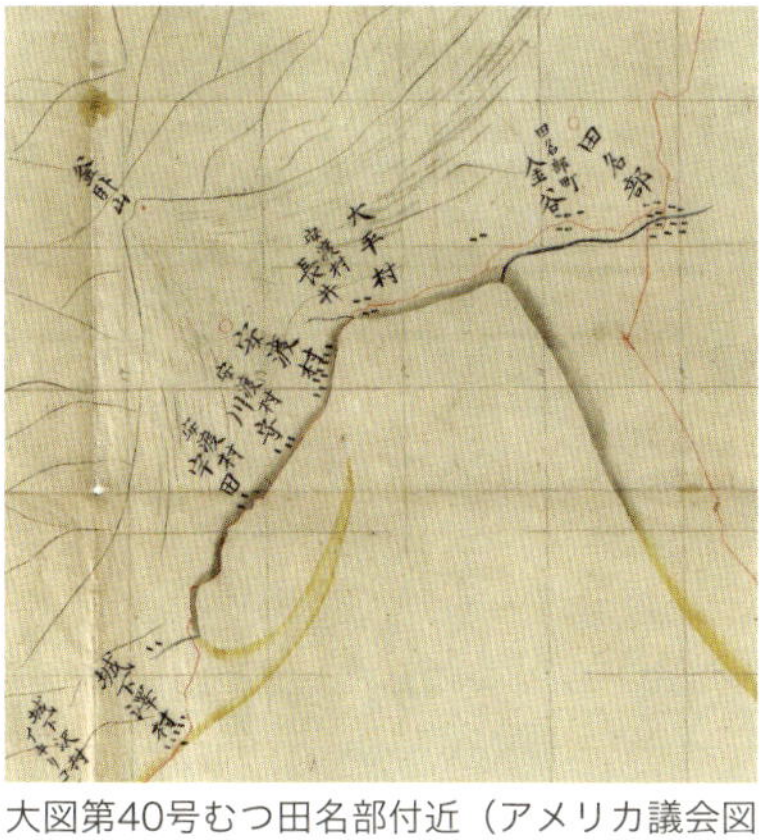

大図第40号むつ田名部付近（アメリカ議会図書館蔵）

期のこの時代には、学問や文芸を嗜む裕福な町人層の存在があり、サロンを創り豊かな地方文化を育てていたことがこのことでもわかる。東北地方は、飢饉もたびたび起こり、農村の疲弊もあったが、一方で、町人文化が下北半島のような辺鄙の地にも及んでいたのである。

10　津軽での村役人の対応に落胆

第一次測量では、津軽藩領を坦々と測量していることが測量日記から知られるが、第三次測量の時は、弘前城下に着いて現地の対応について問題があった。享和２（１８０２）年8月2日弘前城下に着くと、村役人の迎えもなく、城下の入口に宿引きと言うに等しい男が案内に出ただけであった。測量日記によれば、宿は商人荷物問屋とあり、商人の荷物を預かり発送する業を行っていたのであろう。諸国の商人が大勢相宿していた。食事も粗末で、汚れた夜着を宛がわれたと測量日記に記している。この宿は、藩の御用を諸般承る便利屋のようなものだと言っている。町役人も来ないので呼んだところ、漸く町の長老がやってきた。

伊能測量隊が弘前に到着したとき、藩主津軽侯は、青森に滞在していた。測量日記には、「青森に遊興の折ふしなれば」と記している。藩主が青森に滞在中は、青森に止宿することには差し障りがあるのではないかと心配し、津軽半島を廻るにも長持ちなどの荷物や馬の手配ができるのか、また、宿の心配もあり、出頭してきた長老に聞いても不案内でよく分からない。仕方なく、この人に町名主など役人に相談して御用測量に支障のないようにして欲しいと言い渡すと、町役人などと相談し、少しは事情が分かったと測量日記に記している。翌日、津軽侯から菓子一箱が下された。

青森止宿の儀は、手配済みであるというが、弘前を出立し、青森湾に面する油川（大浜）まで行くと、案の定、油川の役人がやってきて、青森は混雑しているので油川泊にして欲しいという。止むを得ず青森には、油川から往復して測量した。油川に着くと、津軽藩士がやってきて、青森に止宿して測量して欲しいと言う。しかし測量機器も油川に据え付けたこともあり、止宿は断り、青森まで行き津軽藩士に挨拶して、津軽侯からいただいた菓子一箱の御礼も述べた。

忠敬にとっては、幕府の威光のもとに行われる御用測量であり、勘定奉行からの添触もあり、各藩においても御用測量に支障がないよう対応すべきであるとの意識が強かった。第三次測量は、幕府の支援も増大したとは言え、あくまで忠敬の個人事業であり、第五次測量以降の幕府役人としての接遇とは違いがあった。現地での対応と忠敬の期待との間には齟齬があることも多かった。津軽藩では忠敬の不満を忖度し、藩士から対応についての注意を村々に触れた。忠敬は三厩でその触れを見ている。その後の対応はよくなったようである。津軽家では、伊能測量に対する認識を新たにしたのであろうか。津軽家には伊能図が伝えられており、現在、国立史料館が所蔵している。

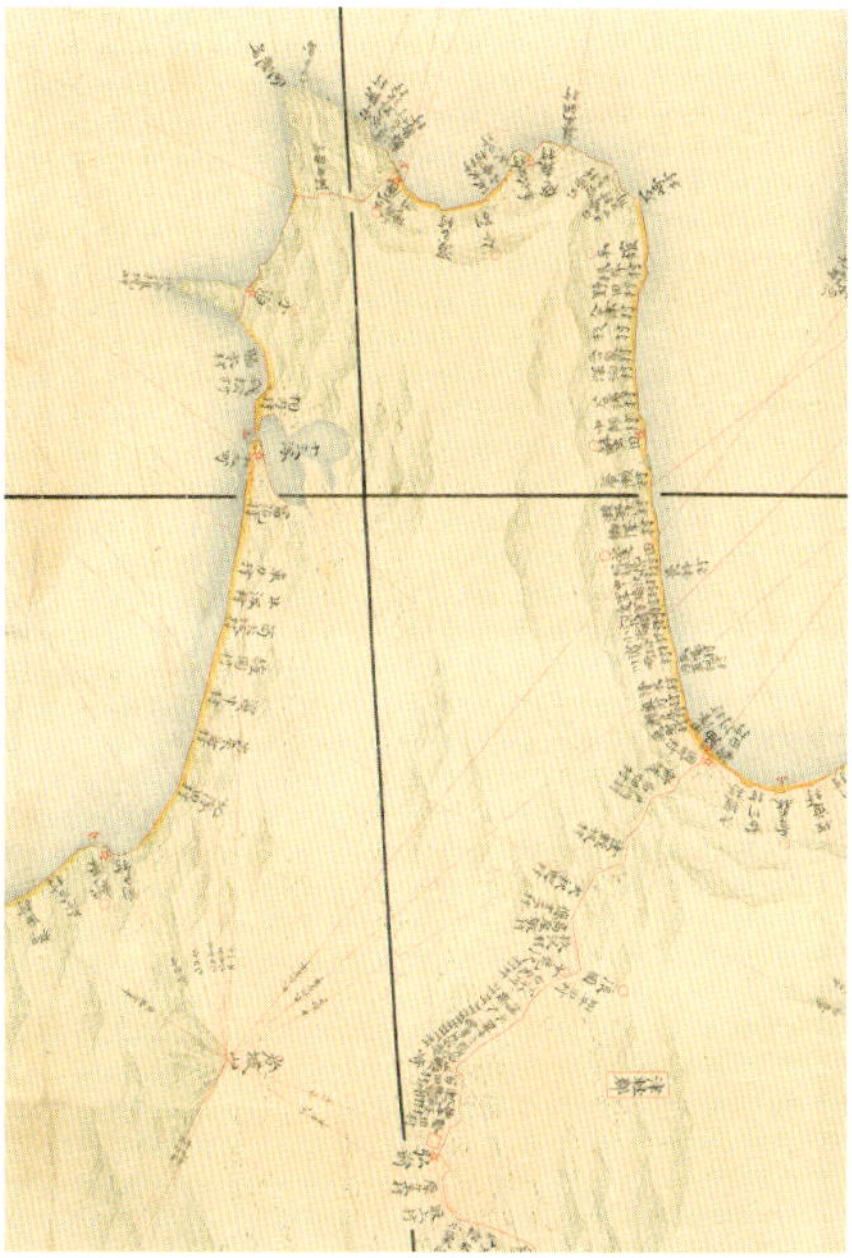

中図第３図津軽（NISSHA株式会社蔵）

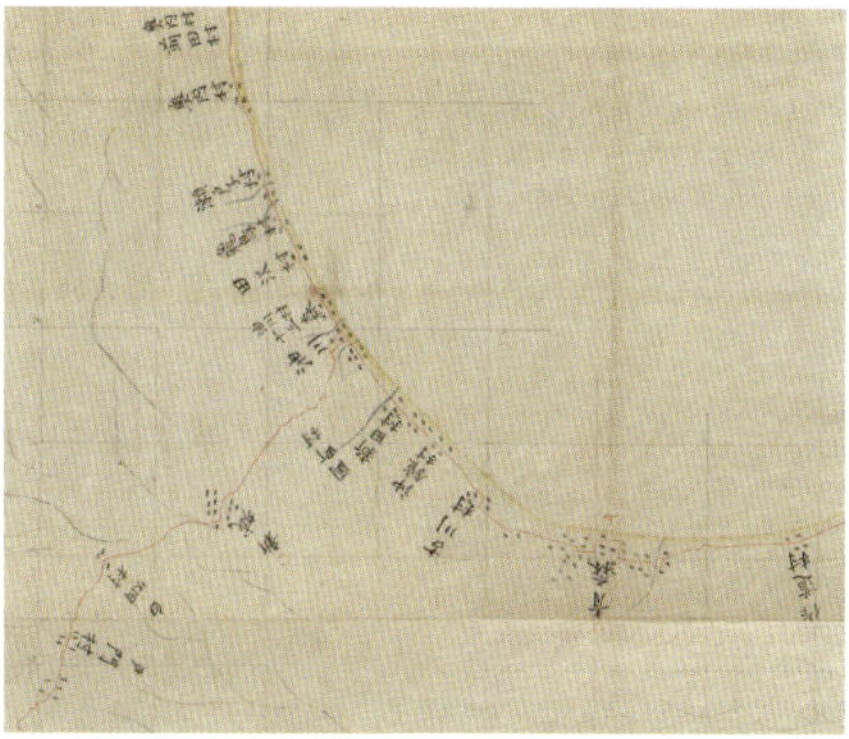

大図第39号青森周辺（アメリカ議会図書館蔵）

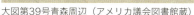

11　三陸リアス海岸の測量に苦労する

享和元（1801）年の第二次測量では、伊豆、房総と回った後、本州東海岸を北上して三陸海岸の測量を行った。三陸海岸は、典型的なリアス海岸として有名で、断崖絶壁の続くところである。そのため、海岸の地形は峻険で測量には大変な苦労がついて回った。三陸の伊能図を見ると海岸線に沿って測量できているところは少なく、狭い湾を横断して海中で縄を引いたり、断崖を避け海岸線の陸側を測ったり、測量できないところは遠望して地図を描いている。そのため、三陸海岸の伊能図は、他の地域の地図に比べるとその精度はかなり劣っているのが実情である。西九州や対馬のリアス海岸がきわめて詳しく海岸線の出入りを押さえられているのと比べると、地形の険しさに差があるとはいえ、格段の差があると言わざるを得ない。

これは、東日本の測量と西日本の測量ではその実施態勢に大きな差があったことが一つの理由である。第一次から第四次までの東日本の測量は、忠敬が幕府に願い上げて実現したいわば忠敬の個人事業である。幕府はこれを認め、手当金と便宜供与を与えた。その中身は次数を重ねるごとに厚くなったが、基本は忠敬の願いに基づくもので、幕府の補助事業と言ってよかった。しかし、東日本の地図をまとめ、江戸城大広間でこれを広げて将軍家斉の上覧もあり、忠敬は幕臣に取り立てられ、第五次以降の西日本の測量は、幕府直轄の事業として、経費は幕府の支出によることとなった。これにより測量の実施態勢は大きく拡充され、老中からの通達により各藩の協力も絶大なものになった。東日本と西日本では、測量の軌跡である測線の密度にも大きな差がある。

第二次測量では、測量技術者として忠敬の弟子が4名であった。西日本測量では、弟子のほか天文方の下役が加わり、測量技術者数が2倍に増えたことを考えると、弱小の態勢で峻険な三陸海岸をよく測量できたものだと感心するのである。

中図第３図三陸沿岸（NISSHA株式会社蔵）

大図第47号大船渡綾里付近（アメリカ議会図書館蔵）

そのような態勢のもとでも、地図には「唐船番処」（図中矢印）との注記があり、測線がそこまで達している。「唐船番処」とは、異国船の見張り所である。綾里（岩手県大船渡市）の近くの海岸斜面に位置するように記入されている。これは、当時の北方海域における異国船出没に対する危機感に伊能測量も無縁ではなかったことを物語っている。峻険な海岸の測量に苦闘しながらも、「唐船番処」という重要施設の位置を明らかにすることが重要であったのであろう。秋田の久保田藩でも能代の先岩館村に唐船番所があると測量日記に記録されている。

12　石巻の商人と旧交を暖める

仙台は奥州の大藩伊達家の城下である。第一次測量の往復、第二次測量の帰路に仙台に止宿している。後に幕臣に取り立てられてからと異なり、このときは、元百姓浪人の身分であったから、伊達藩との直接の接触はなかった。先触れの受け取りや高橋至時への書状の配達を村役人に依頼している程度である。

第二次測量の往路では、閖上濵や荒濵の海岸を測量し、仙台城下には立ち寄っていない。閖上濵から荒濵の測量を行ったときには、にわかに大風雨がやってきて測量が中断してしまい、急遽荒濵泊の急触れを出した。おそらく台風が襲来したのであろう。

塩竈から松島、石巻、牡鹿半島と測量しているが、このあたりでは、海中引縄により測量している様子が、大図を見ると著しい。松島でも松島の風光明媚な島々はその海岸線を測量されておらず、船から遠測して描いていることが測線の描入の有無から判断できる。瀬戸内海の島々や西九州の島々を余すところなく測量していることから見ると、その違いが明瞭である。東日本測量と西日本測量の態勢の違いと、降雪のある東日本では年内に作業を終えるという制約があったことが決定的である。

忠敬は、伊能家の当主であった安永７（１７７８）年、妻ミチとともに松島を遊覧している。佐原から銚田まで船で行ったが、そのとき、銚子湊に商用で来ていた秋山惣兵衛と名乗る人と乗り合わせた。旅は道連れで仙台まで同行し、仙台城下などを案内されたりご馳走になったりした。再会を約して分かれたが、その後音信不通となっていた。

ところが、牡鹿半島の測量を終え、分濵（図中矢印）と言うところに宿泊したところ、その家が秋山惣兵衛であった。「深い因縁で終夜往時を語り合い」と測量日記に記している。秋山惣兵衛は、別れを惜しみ、その後3日間付き添い、遙か先の水戸部村と言うところで別れた。江戸時代の人情がよく分かる話である。

分濵は、現在石巻市分浜である。地形図を見る限りにおいて、リアス海岸の湾奥の斜面に人家十数戸程度の小集落である。このような集落に銚子湊まで交易の仕事で出張する商人がいたことは驚くべきことである。測量日記を読むと江戸時代の社会の様子が垣間見えてくる。それにしても、いくら懐かしいとは言え、秋山惣兵衛は忠敬に付き添って商売に支障はなかったのであろうか。

大図第48号石巻雄勝付近（アメリカ議会図書館蔵）

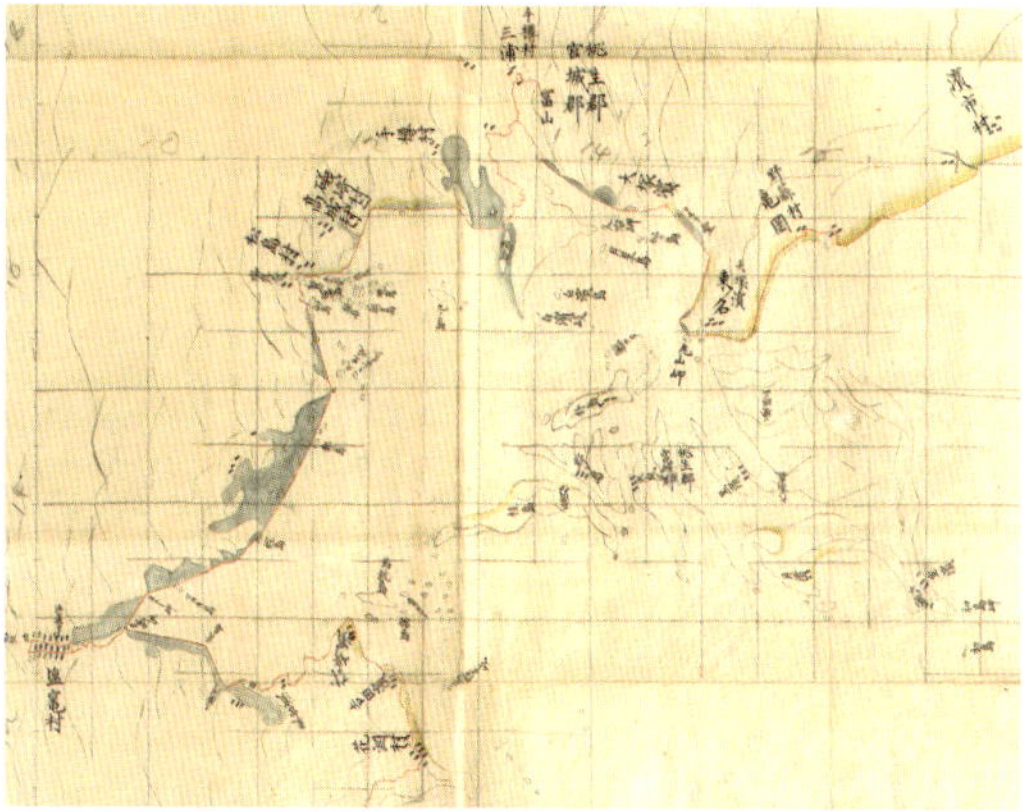
大図第52号松島（アメリカ議会図書館蔵）

13　長久保赤水が出た村を通過する

第二次測量で房総半島を一周し、利根川を渡って常陸国に入った。常陸の海岸線は、鹿島灘に面して砂浜が続き、北に行けば磯浜も増えてくるが、海岸線は総じて平滑である。従って、測量も比較的容易で、測量日記を見ると順調に測進していることが分かる。測量日記の記載も単調で、測量に大きな支障もなかった。

現在の日立市の中心部に当たる会瀬村では、測量日記に三十六歌仙の1人中務の「七夕の会瀬の浦に　寄なみの　よるとはすれと　たち帰りつく」を引用し、中務が醍醐天皇の弟敦慶親王の娘で、母は、三十六歌仙伊勢であることなどを解説している。忠敬は、和歌には関心を持ち、各地で和歌に因むことを測量日記の中にも書き留めている。会瀬村では、宿所の掛け軸から中務の歌を書き写したと測量日記に記している。

日立から北へ行くと高萩市となるが、赤濵村（高萩市赤浜・図中矢印）は、長久保赤水が出たところである。測量日記にも「長赤水の出し村なり」と記述している。長久保赤水は、享保2（1717）年の生まれで、忠敬より約20歳年長である。農民の出であるが、幼いときに父母を亡くし、忠敬に似た境遇で成長した。赤水は若い頃から儒学を学び、地理学に興味をもち、越後や奥州を旅行し、長崎にも漂流民引き取りのために行ったことがあった。学識が認められ、水戸藩の侍講となり、地図の作成を行うようになる。赤水が作成した「改正日本輿地路程全図」は、実測図ではないが、各地の情報を収集し、経緯度線を意図した方格線を描入した地図であった。子細に見れば歪みがあるが、一見すると、伊能図の日本の地形と極めてよく似た形の良い地図である。赤水の作成した地図は、「赤水図」と呼ばれ、木版印刷され一般に広く出回った。幕府の蔵に収まり秘図となった伊能図に対し、「赤水図」は、外国にも渡り、一般にも広く普及し、明治の時代になっても利用されていた。

伊能測量隊が赤濵村を通過したのは、享和元（1801）年8月3日であったが、この年の7月23日に、長

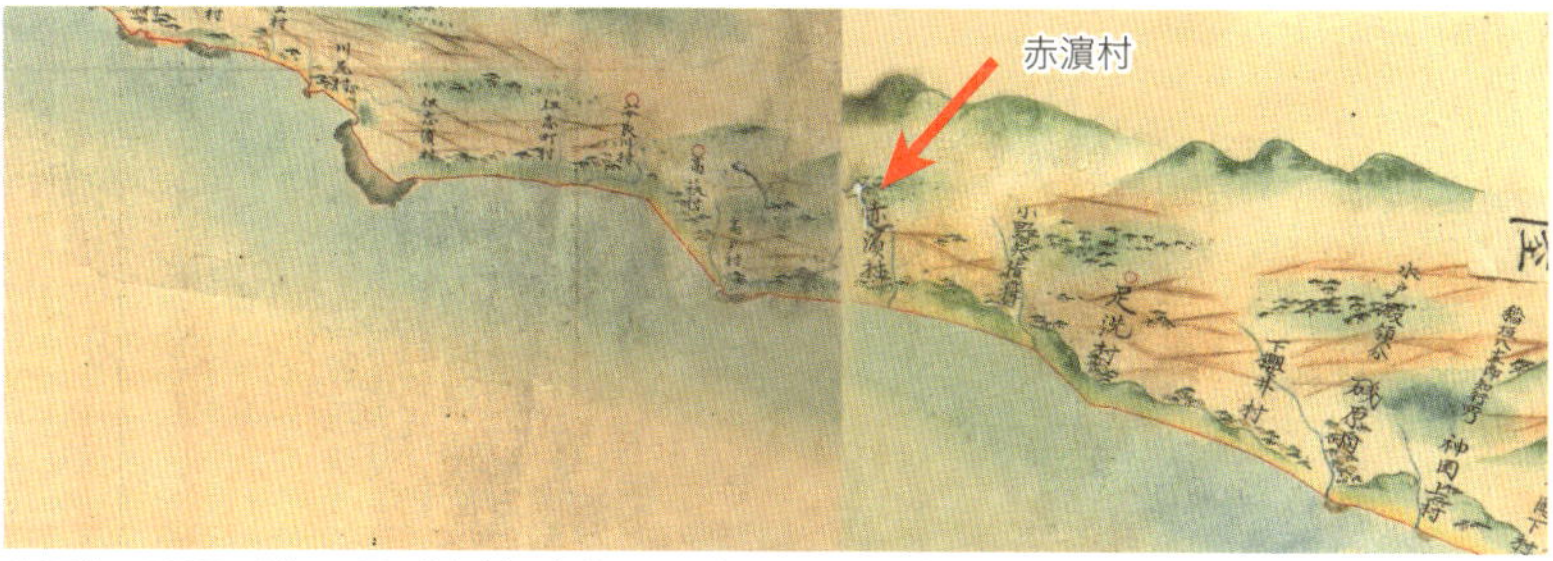

大図第55号及び第57号（接合）高萩周辺（国立国会図書館蔵）

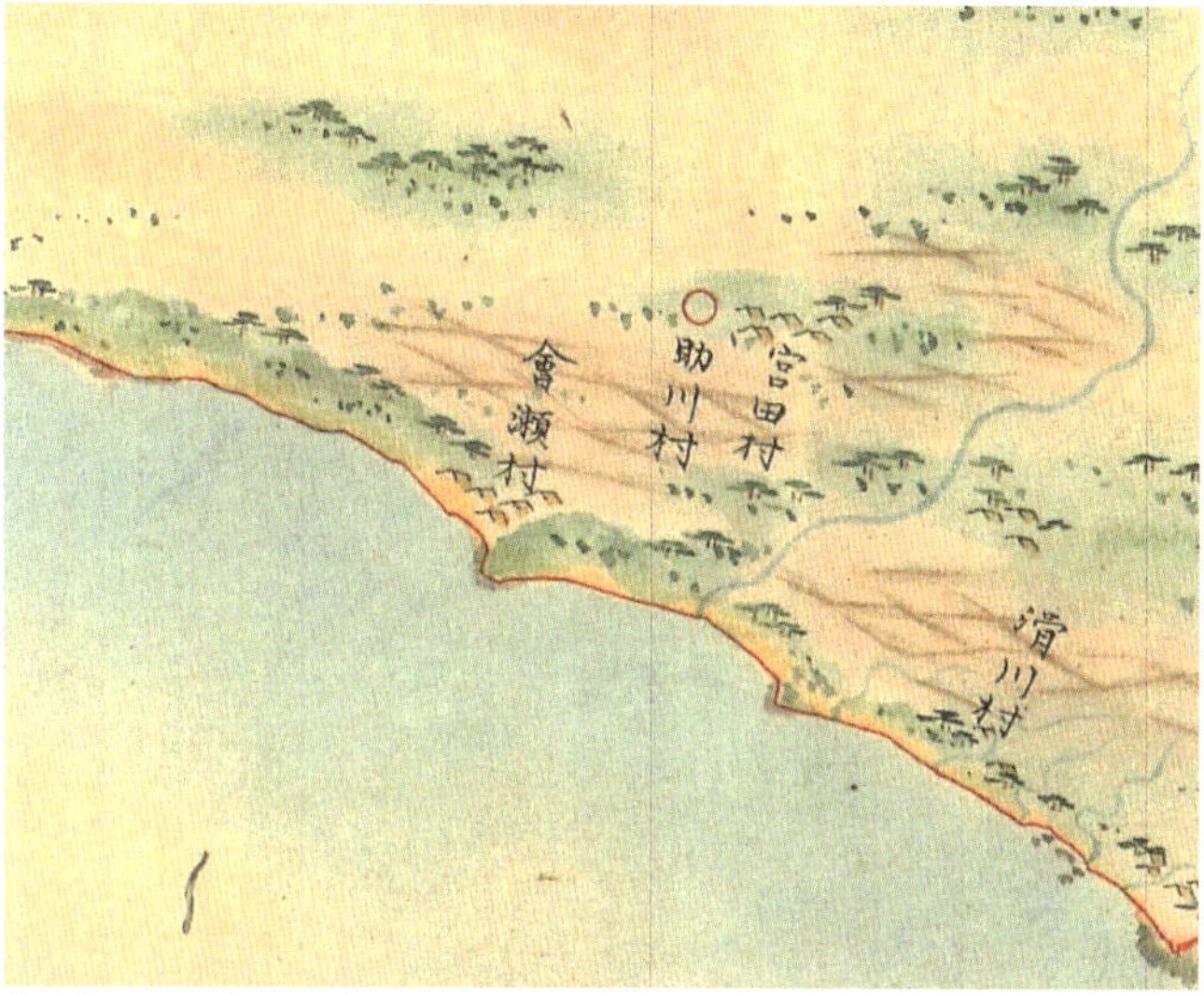

大図第57号日立周辺（国立国会図書館蔵）

長久保赤水自画像
（長久保甫氏蔵）
長久保赤水顕彰会ホームページから

久保赤水は、赤濱村で亡くなっている。享年85歳であった。測量日記の記載から見ると、忠敬は、長久保赤水が死去したことは知らなかったであろう。

14　小野小町の生誕地から能代まで

第三次測量において、伊能測量隊は、会津から檜原峠を越え、米沢城下、上山城下、山形城下、天童、新庄城下と各藩領を淡々と測量した。米沢、山形、天童では城下で足軽の先払いがあったが、上山、新庄ではそのようなことはなかった。特に新庄では、町役人の案内もなく、行き届かぬことが多く、町役人を呼んで苦情を述べている。御用測量としてそれなりの対応を求め、体面を気にしていることが測量日記から読み取られる。

雄勝峠を越え、久保田（秋田）城下でも役人の出迎えがなく、名主を呼んで御用測量に差し支えのないようにと談じている。能代で日食観測を計画しており、逗留するので支障なく行えるよう、また男鹿半島を周回して測量するのでそちらの村役人にも相談しておくことを申し入れている。これに対し、名主がしっかり承ったと返事をしたことが測量日記に記されている。

途中、雄勝峠を越え、銀山のあった院内の先に小野村があり、小野小町の墓があるという。測量日記には、小野良実が出羽郡司であったとき、町田治郎左衛門と言うものの娘を妻にし、生まれたのが小町であると記している。墓には春になると芍薬が九十九本生ずると言うが、信用するにたらずとも記している。現在湯沢市は、小町生誕の地であるとして毎年6月には小町祭を行っている。横手には、久保田藩の持城があり、久保田藩大番役菊地味右衛門と言う70余歳の老人が暦学について談じたいと訪問して来た。

能代には、享和2（1802）年7月23日に着き、8月3日まで逗留した。町役人や町の長老が出迎え、直ちに日食の準備に取りかかる。町役人達は丁寧な対応ぶりで、久保田城下で苦情を述べたことが効いたのであろう。8月1日に日食の観測を行ったが雲に覆われることが多く、十分に成功しなかったようである。前日には大風のため垂揺球儀が止まってしまった。垂揺球儀とは、経度測定のために用意した振り子時計で、食の時

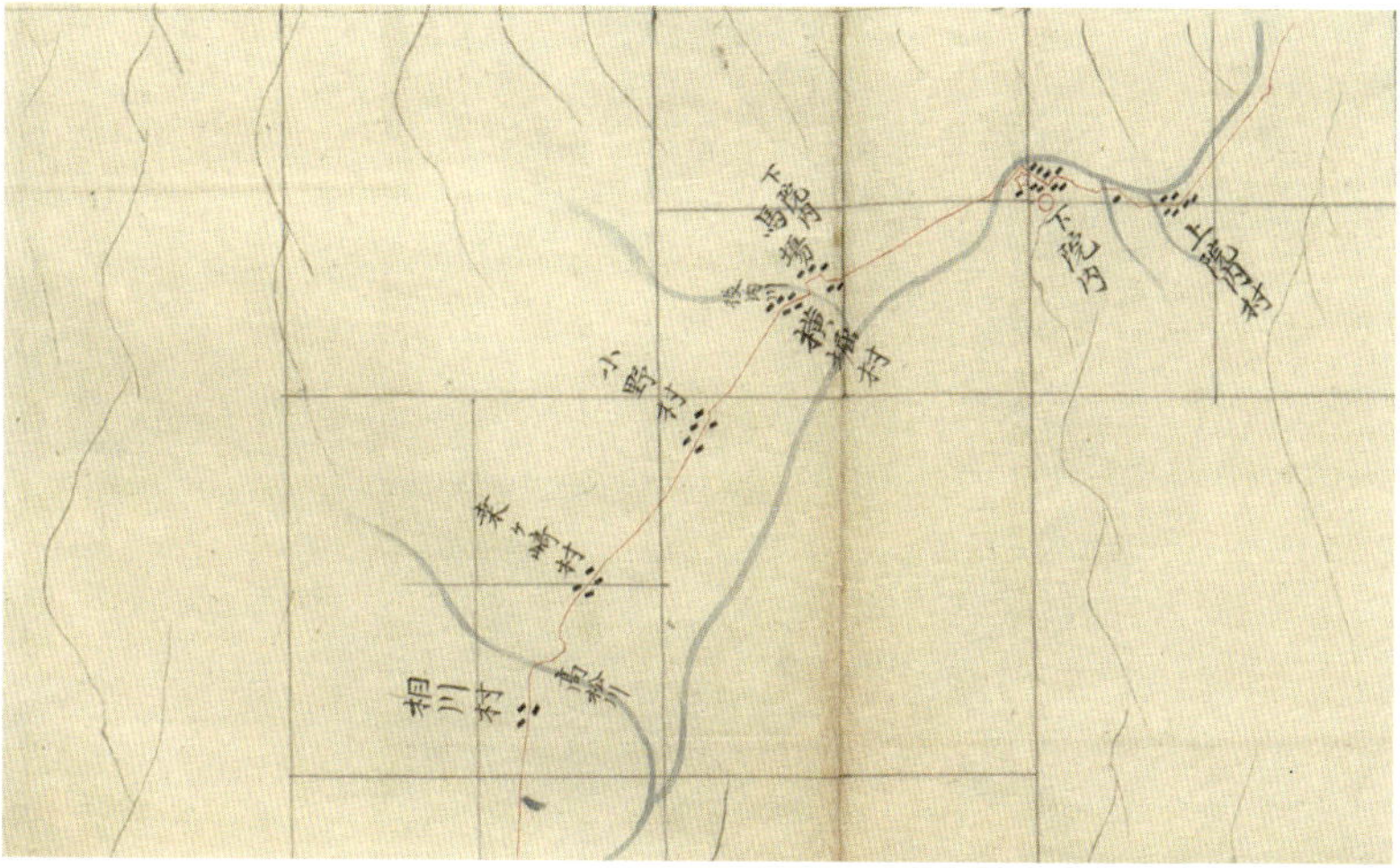

大図第64号湯沢院内付近（アメリカ議会図書館蔵）

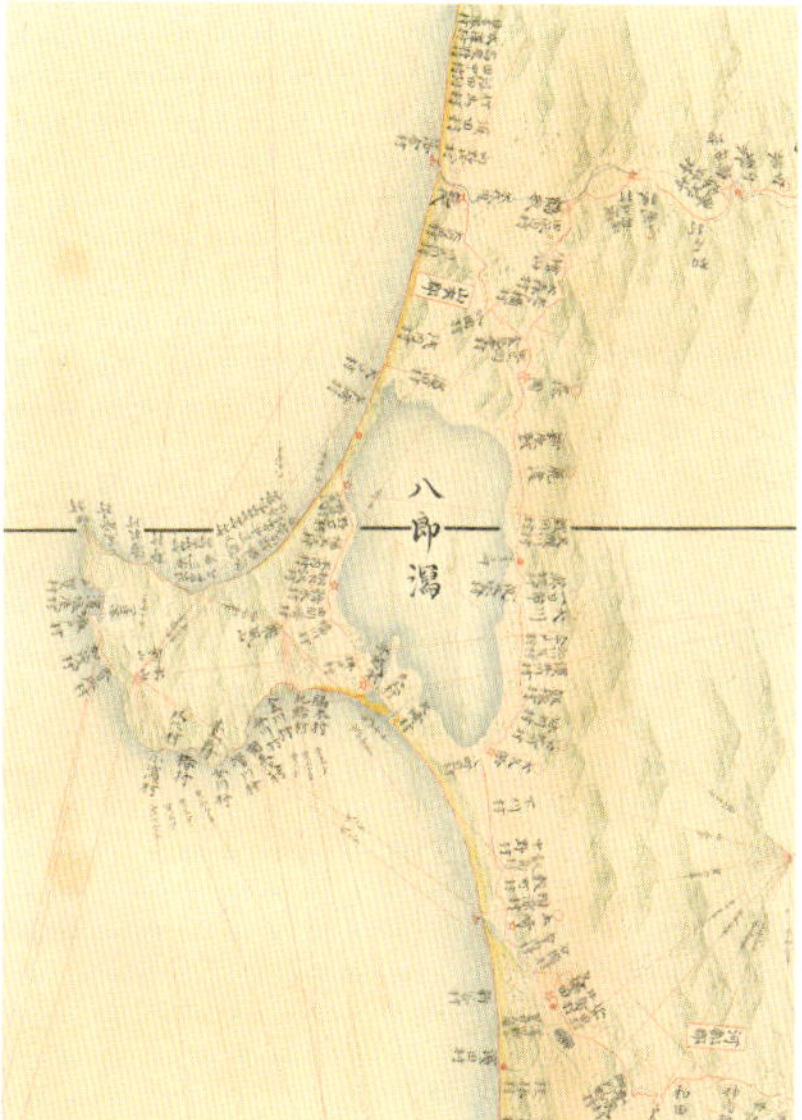

中図第３図男鹿半島・八郎潟（NISSHA株式会社蔵）

間を測り、経度を求めようとしたが、成功しなかった。能代は水運の要衝であったようで、米代川は、上流10里以上米俵2～300俵を運ぶことができ、湊には7～800石積みの海船が入ると測量日記に記している。能代は、物資の集散地として、北前船により栄えていたのであろう。男鹿半島は、息子の伊能秀蔵に測らせ、忠敬は、八郎潟の西岸に沿って測量した。大図には、男鹿半島の一ノ目潟、二ノ目潟、三ノ目潟が描かれており、八郎潟も干拓される以前の姿が描かれている。

15　象潟の湖水と噴煙たなびく鳥海山

第三次測量では、津軽半島、男鹿半島、秋田を経由して日本海を南下して行った。享和２（１８０２）年９月９日に鳥海山の麓、象潟の塩越村に到着し、翌日象潟の周囲を測量した。象潟は、名前の通り当時は砂州で仕切られたラグーンで、湖水となっていた。測量日記には、船に乗り「象潟諸島」を測ると記されており、象潟の周囲のほか、湖水から頭を出す小さな島々を測ったことがわかる。これらの島々は鳥海山の泥流が作った流れ山である。

象潟は、「西の松島」と呼ばれ、風光明媚なところで芭蕉の句にも詠まれていた。伊能測量の２年後の文化元（１８０４）年６月４日に発生した象潟地震により地殻が隆起し陸化したため、象潟は消滅してしまった。伊能図は、象潟の最後の姿を地図にとどめているのである。現在象潟は一面の水田となり、「象潟諸島」の島々は、水田の中に小高い丘となって残っている。初夏の田圃に水を張った時期などには、往時の象潟の姿を彷彿とさせるものがある。

伊能大図を見ると、象潟の周囲を測量し、島を表現する小円が多数描かれている。島を一つ一つ測った訳ではないが、船に乗りその位置を詳しく調べたのであろう。陸地の中まで島と同じ小円が描かれ、これは流れ山を示している。湖水の中に測線が描かれているが、おそらく湖岸は、芦や葦の繁茂する湿地で足を踏み入れることが難しかったのであろう。象潟を縁取る汐越村は、高１０４３石、家４２３軒と測量日記に記されている。

大図を見ると、象潟の背後にそびえる鳥海山は噴煙を上げている。鳥海山は１８００〜１８０１年にかけて噴火し、山麓に大きな被害を与え、溶岩ドームも形成された。伊能測量隊がこの地を通過したときには、まだ余燼が燻っていたのだろう。大図の噴煙の描き方にも真に迫ったものがある。鳥海山の山容をよくとらえて描

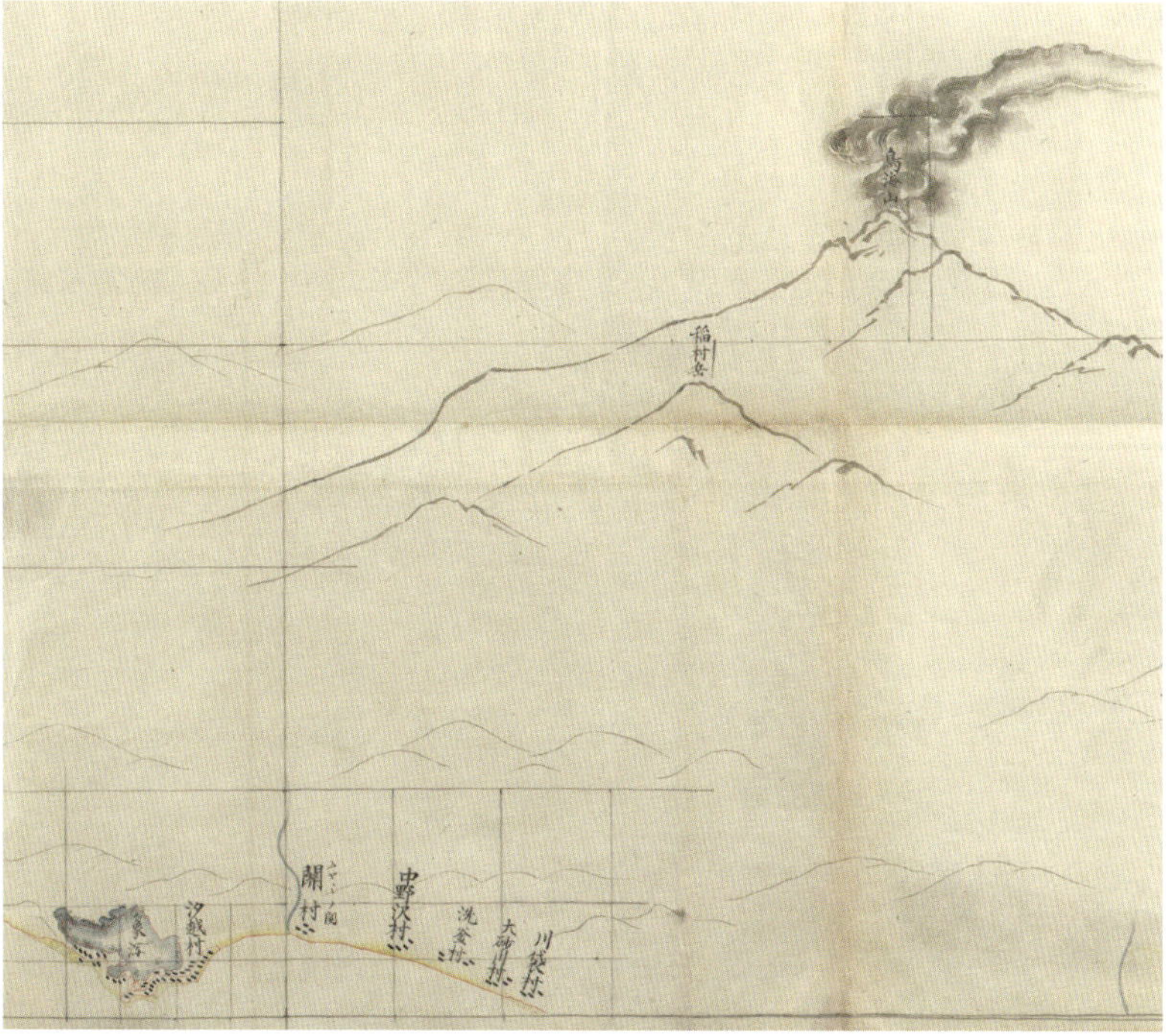

大図第64号象潟・鳥海山（アメリカ議会図書館蔵　北は左）

象潟・鳥海山（にかほ市観光協会）

かれており、鳥海山と稲村岳の注記が記されている。

伊能図に描かれた象潟や鳥海山を見て思うのは、まさに地図は国土の記録であり、景観の記録であるということである。

16　白河街道を会津に向かう

享和２（１８０２）年６月11日江戸を出立した第三次測量の一行は、奥州街道を白河まで行き、６月22日白河から会津に向かった。白河から飯土用宿、上小屋宿、長沼宿、板橋峠を越え、三代宿、福良宿、赤津宿、原宿、赤井宿と白河街道（別名茨城街道）を行き、会津若松には６月27日に到着した。この間、本陣にも宿泊し、止宿の家作もよいと測量日記に記している。会津若松では、城下の入り口に町役人の出迎えと徒士２人の先払いもあった。藩主お目見え以上の町役人の挨拶もあり、測量の最中には郡役所の役人が麻裃着用で見回りにくるなど、忠敬も会津藩の丁寧な扱いに嬉しかったに違いない。

白河街道は、古い建物が多数残っているわけではないが、宿場特有の家並みなど古い宿場の雰囲気を残しており、一里塚や道しるべ、古祠や古刹など歴史を感じさせる道である。赤津宿に止宿した日には、猪苗代湖の湖水に舟を浮かべ名所を見たと測量日記に記しており、猪苗代湖の測量は行っていないが、猪苗代湖の形をおぼろげに描いているのは、このとき舟で見たことによるのであろう。

６月29日に会津若松を出発し塩川宿に向かい、途中で磐梯山、厩岳の方位を測る。厩岳は、現在の猫魔ヶ岳ではないかと思われる。大図にも、磐梯山、厩岳を同じような大きさで描いている。塩川宿に止宿した夜、大風雨と測量日記に記されており、次の日も続いたようで季節から見ても台風が来たのであろう。

塩川宿から熊倉宿、大塩宿、桧原宿と通過し、桧原峠を越えて出羽国米沢領に入った。大塩宿では、塩水の井戸があり、そこから塩を炊きだし会津藩侯に納めていた。会津藩侯の御用達で売買はしないと測量日記に記されている。大塩の地名はそこに由来があるのであろう。大塩の温泉は食塩泉で、塩の生産は室町時代から始まり、戦後絶えたが最近地元の有志が復活させている。

大塩を出立して桧原宿までの間に、忠敬地元の佐原から湯殿山へ参詣の人に会い、佐原へ手紙を託している。桧原宿は山の中の集落で、木挽きの椀などを作り生計を立てていると測量日記に記している。明治23年の磐梯山の噴火以前であり、裏磐梯の湖沼はまだ形成されていなかった。もちろん桧原湖も存在せず、桧原宿は谷間の集落であった。桧原峠の道は、現代の地形図には表示されていない。忠敬が通った道は、廃道となってしまったのだろう。

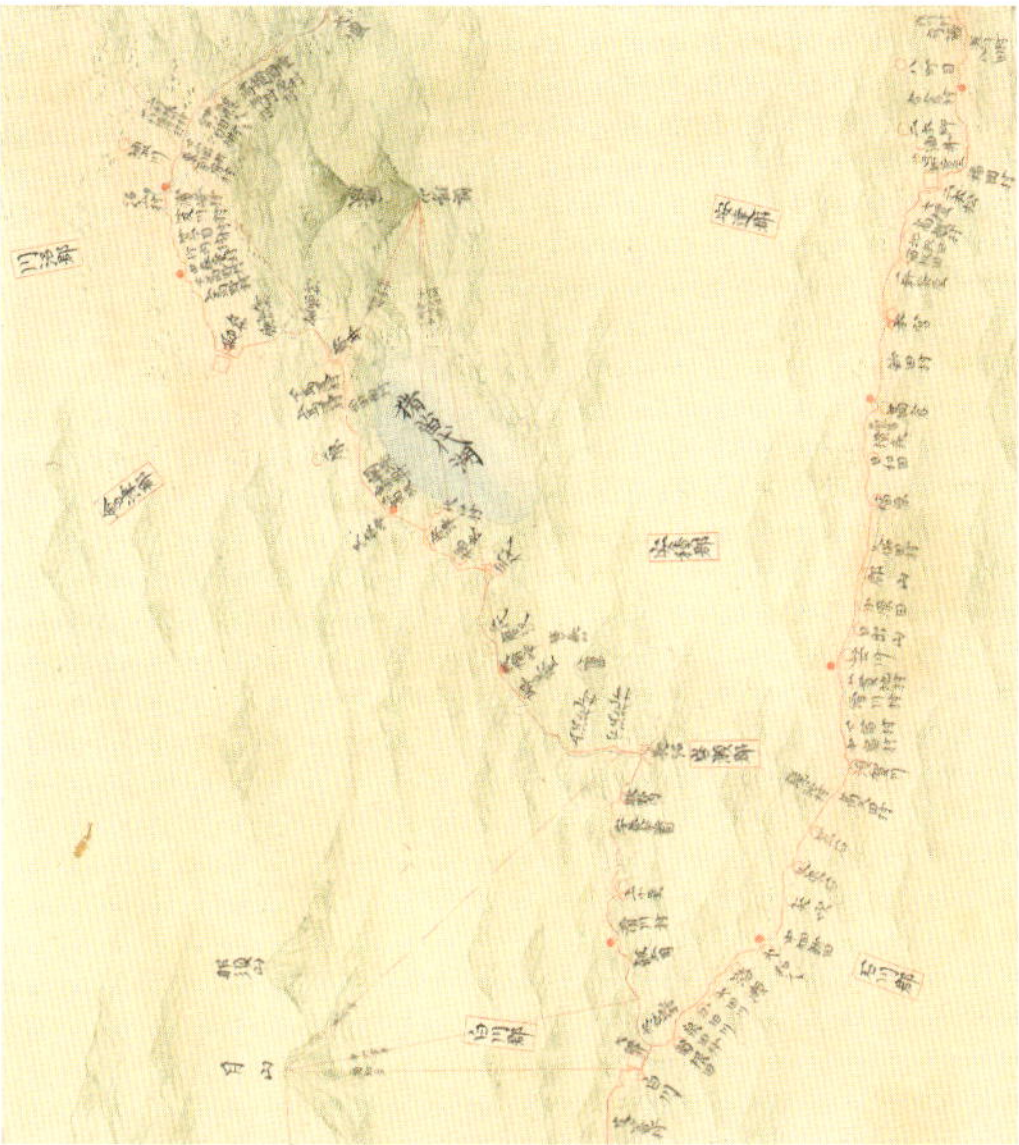
中図第３図会津周辺（NISSHA株式会社蔵）

大図第67号裏磐梯（国立国会図書館蔵）

17　奥州街道の要地古河と鷹見泉石

江戸時代、下総古河（茨城県古河市）は、奥州街道の要地で将軍の日光社参の宿泊地となる場所であった。江戸時代前半は、譜代の大名の出入りの多い所であったが、宝暦９（１７５９）年に土井家が唐津から転封になり、その後は土井家が版籍奉還に至るまで治めた。伊能忠敬の全国測量では、第一次の往復路、第二次の復路、第三次の往路の都合４回古河を通過している。

第一次の蝦夷地測量の途上では、深川出立の２日目に大沢宿（埼玉県越谷市）を朝７時半頃出発し春日部、杉戸、幸手、栗橋を通過して古河に夕方４時頃到着して宿泊している。大沢宿から古河までの距離は、歩測で９里23町と算出しており、40㎞弱歩いた勘定となる。翌日は、古河から宇都宮まで、さらに10里ばかり歩いている。復路には、間々田から古河を通過して幸手まで約24㎞歩いているが、さすがに帰路は歩行速度も鈍ったのであろう。

第三次測量では、江戸深川を出立後、４日目に栗橋を朝六時過ぎに出発し、古河城下を通って間々田（栃木県小山市）に昼過ぎには到着している。この間の距離は、約４里16㎞ばかりである。蝦夷地測量では時間的制約もあり歩測で距離を稼いだが、第二次測量以降は間縄を主として用いたため、このように１日の行程も短くなったのである。それにしても彎窠羅針《わんからしん》で方位角を測り、距離を間縄で測りながら行くのであるから、相当な健脚である。夜には、古河でも間々田でも天測を行っており、昼過ぎに宿所に着いても様々な来客や手続き等があったようで、あまり休む暇はなかった。雨天で逗留を余儀なくされたときが休息の日であったようである。しかし、そのような日も測量結果の整理や下図の作成をしていたことが測量日記には記されている。

栗橋と古河の間では、利根川を渡る。大図には、房川と注記され、測量日記には、房川は板東太郎川の上流であると記されている。房川を渡るときは舟で渡り、栗橋側に関所があった。下総と下野の国境で重要な場所であり、関東郡代が関所を預かっていた。

古河で忘れられないのは、忠敬より一世代あとのことになるが、古河藩家老の鷹見泉石（1785―1858）である。雪の結晶の研究で有名な藩主土井利位《としつら》に仕え、オランダ人や渡辺崋山など当時の知識人との交流があり、渡辺崋山が描いた国宝「鷹見泉石像」は有名である。鷹見泉石は、蘭学に詳しく様々な世界図などを収集しており、伊能小図も写している。この小図は、東日本の測量終了後作成され幕府に提出されたものの写本で、古河市歴史博物館に所蔵されている。

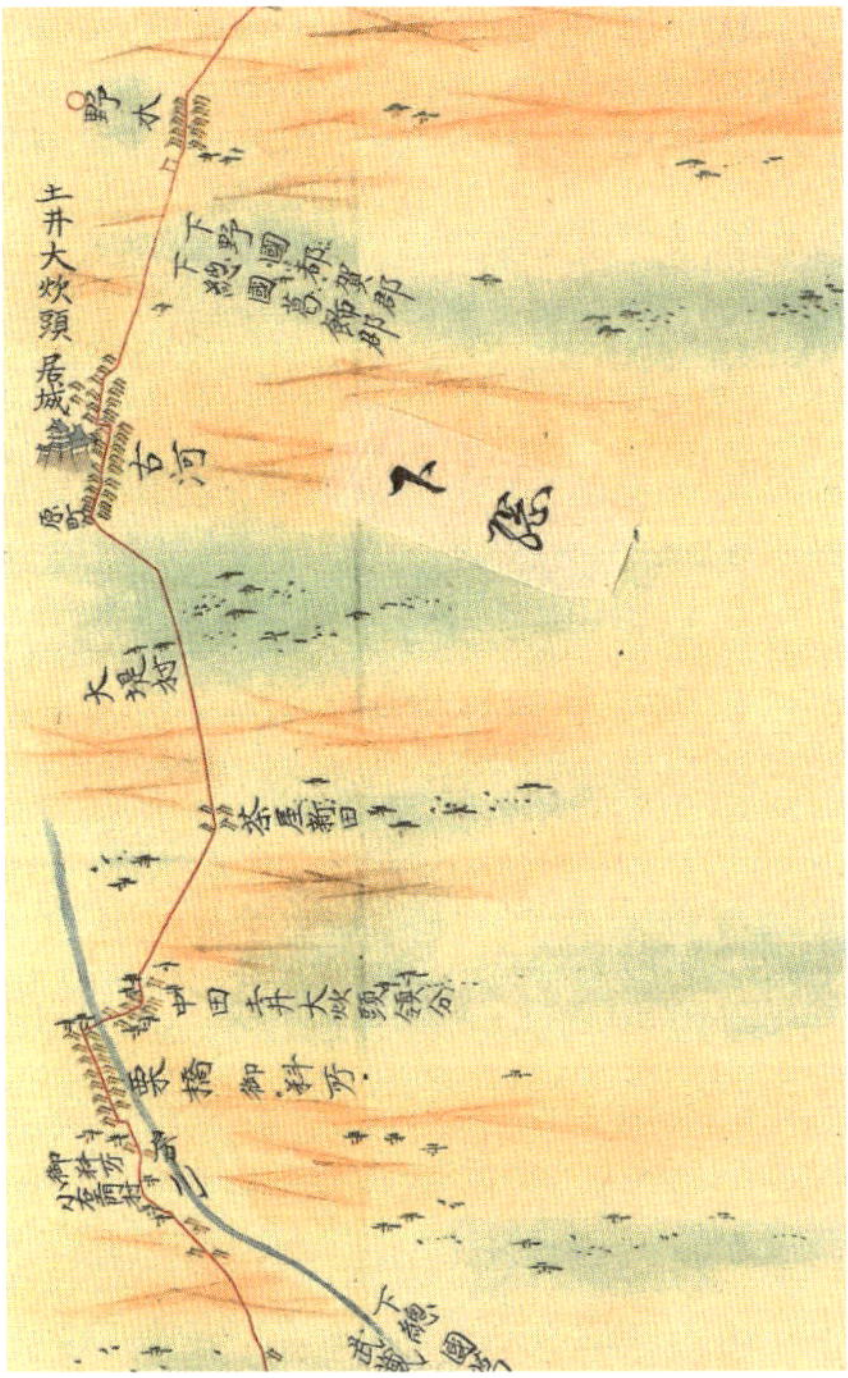

大図第87号古河周辺（国立国会図書館蔵）

[作品番号]C0060827
[作家名］渡辺崋山
[作品名］鷹見泉石像 本紙
[所蔵先名］東京国立博物館
[クレジット表記］Image: TNM Image Archives

18　上野・下野の測量

下野国では、第一次測量往復、第二次測量復路、第三次測量往路において奥州街道を通過している。奥州街道のみ測量されており、測線の密度は薄いが、日光連山や高原山、那須連山の位置が交会法により求められており、図示されている。日光の山々は、野岺山、中禅寺山、日光山と山名が記されており、それぞれ奥白根山、男体山、女峰山に比定されると考えられる。常陸の筑波山も顕著な山であり、交会法により各地からその方位を測られている。

上野国は、第三次測量、第四次測量、第七次測量、第八次測量と4回にわたって通過している。第三次測量では、羽越測量ののち、上田、小諸と北国街道を測量し、中山道に入り軽井沢から碓氷峠を越えて松井田宿に至っている。第四次測量では、越後から三国峠を越え、第七次測量では、第三次測量の時とは逆に高崎城下から安中城下、松井田宿、坂本宿を通り碓氷峠を越えている。第八次測量では、信濃追分から下仁田道に入り、吉井、藤岡を経て本庄宿で中山道に出た。

碓氷峠には、熊野三社権現があり、境内の中央で信州と上州に分かれ、信州側は御料地、上州側は安中領で、信州側と上州側にそれぞれ社家が20軒ずつあり、社家町と呼ばれていると測量日記に記している。明治の神仏分離令により熊野皇大神社となり、戦後、宗教法人は県別管理となったため、現在、長野県側は熊野皇大神社、群馬県側は熊野神社と二つに分かれている。

第八次測量において、文化11年（1814）5月10日吉井宿に止宿した。吉井宿は、松平（鷹司）家の在所である。松平（鷹司）家は、五摂家の一つ鷹司家に連なる家系であったため、格式が高く、1万石にもかかわらず国主大名の扱いを受けていた。陣屋まで測量し、大図には短い測線が延びている。翌日、多胡碑まで分岐して測線を延ばした。多胡碑は、和銅4（711）年、上野国に新たに多胡郡をつくり、羊という人物に治めさせることを記した碑である。羊という人物は渡来人であるとされ、その楷書は、書道史において高く評価されており、上野三碑の一つとされ、日本三古碑の一つにも数えられいる。測量日記には、多胡碑の碑文が書き写されており、当時からよく知られ関心が深かったのであろう。山ノ上碑、金井沢碑とともに特別史跡に指定されており、平成29年10月31日に上野三碑として「世界の記憶」に登録された。

大図第94号吉井宿付近（国立国会図書館蔵）

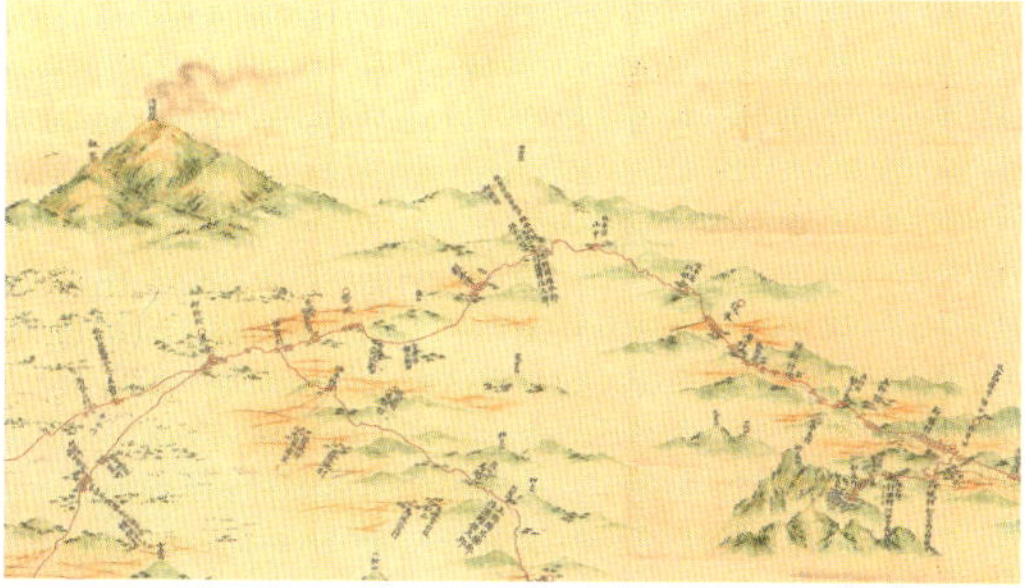
大図第95号軽井沢付近（国立国会図書館蔵）

碓氷峠熊野三社権現

19　札所の里秩父　家光ゆかりの川越

東日本の測量は、伊能図を見ても分かるように、西日本に較べ密度が薄いが、その中で武蔵国や相模国は比較的測線の密度が細かい。第一次、第二次、第三次往路の測量の時に通過した奥州街道、第三次、第四次復路の中山道、第七次の往路で日光御成街道と岩槻から熊谷まで、第八次の復路に本庄、深谷、寄居、秩父そして川越から川越街道を測量した。第九次では八王子から箱根ヶ崎、東松山など関東平野の西縁を測量し、熊谷まで行き荒川に沿って江戸に戻っている。

伊能測量隊は、文化11（１８１４）年5月15日に秩父大宮郷に着いた。九州第二次測量の最後である。伊能忠敬にとって蝦夷測量開始以来15年目の測量行の最後であり、あとは川越へ出て川越街道を上り江戸である。大宮郷への途中では、秩父三十四観音札所寺院のいくつかを日記の中に記している。大図には、廣見寺、神門寺、藏福寺、常楽寺、金剛院、慈眼寺と秩父神社が記載されている。

廣見寺は、奥州黒石の正法寺の末寺である。札所ではないが、秩父で曹洞宗最古の寺と言われている。神門寺は十八番、蔵福寺は十五番であるが明治の廃仏毀釈で廃寺となり、現在は少林寺が十五番札所となっている。常楽寺は十一番、金剛院は十四番で今宮坊と称した。慈眼寺は、十一番の札所である。そのほか、十七番定林寺、二十三番音楽寺が日記に書かれている。秩父神社は、式内社で祭神は大巳貴命、天御中主命、思兼命の三柱と記している。秩父は、当時忍領であった。忍藩の陣屋があり、さらに進んで三峯神社への三峯街道の出口木戸の左柱まで測った。

5月16日大宮町を出立し川越へと向かい、川越城下には、5月19日に到着した。川越藩主は越前松平家の分家で、藩領は川越と上州前橋にあった。前橋の城郭崩壊の危険が迫ったため、川越に移ったと言われている。

大図第94号秩父周辺（国立国会図書館蔵）

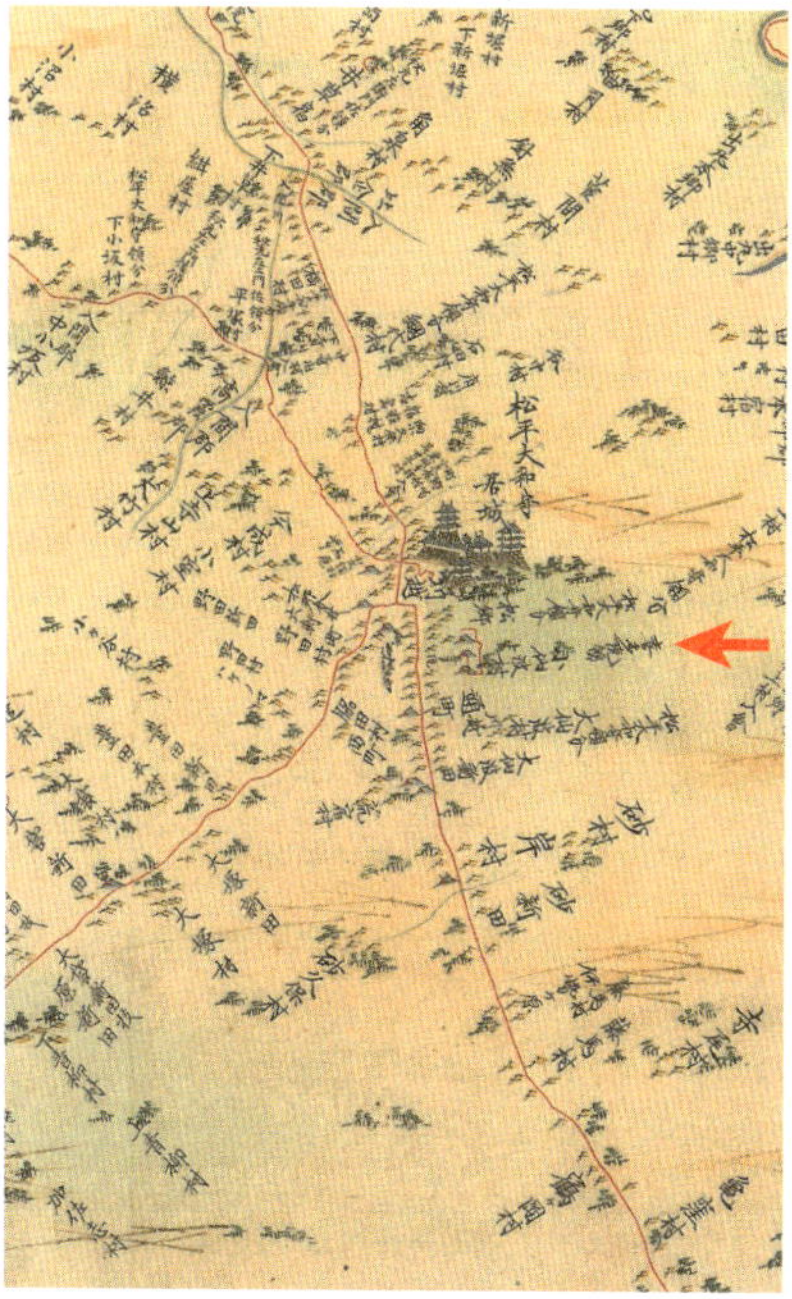

大図第88号川越周辺（国立国会図書館蔵）

大図には川越城が大きく描かれ、川越には4本の測線が集中している。川越周辺の測量は、第九次測量のときにも行われている。大図の北西から川越を通り、南へと抜ける測線が第八次測量の測線で、北から川越を通り南西に抜ける測線が第九次測量の測線である。大図には、蓮馨寺と喜多院（図中矢印）が表示されており、測線が分岐して延びている。測量日記によれば、蓮馨寺は、浄土宗の関東十八檀林の一つであり、喜多院は、御朱印750石、慈覚大師円仁が開基で、慈眼大師天海が中興であるとしている。境内は5町四方であると記している。喜多院には、江戸城の「徳川家光誕生の間」と「春日局」化粧の間」が移築されている。

20　忠敬生誕の地九十九里浜から銚子へ

第二次測量で伊豆半島を測量し、一旦江戸に戻った忠敬一行は、享和元（１８０１）年6月19日に再び江戸を出立し、房総半島を廻って本州東海岸の測量を行った。房総は、忠敬にとって父祖の地である。内房から外房へと廻った忠敬一行は、忠敬の生誕地小関村を通過している。伊能図には、小関村の村名も記載されている。しかし、測量日記には、他の村と同列に小関村を通過したことが記されているのみで、自分の生誕の地であることなど全く書かれていない。一方、忠敬の父の実家がある小堤村《おんづみむら》は、測量ルートになかったが、わざわざ訪ねていったことが測量日記に記されている。また、銚子に向かう途中の太田村は、忠敬の二女シノが嫁いだところである。シノは13年前に亡くなっていたが、わざわざ訪ね、シノが嫁いだ先に宿泊している。

忠敬は、小関村の網元小関家に生まれたが、6歳の時に母がなくなり、婿である父は離縁され小堤村に戻った。忠敬は、小関家に預けられていたが、10歳の時に父の実家神保家に引き取られている。忠敬が測量御用で父祖の地を訪ねたのは、それから50年近く経ったのちであり、小関村には既に知り合いなども残っておらず、小堤村には父の係累が残っていたのであろう。

銚子では、富士山の方位角を測るために9日間逗留している。旧暦の7月26日にようやく晴天に恵まれ、富士山を測ることができた。測量日記にはその喜びを記している。富士山については、各地でその方位角を測っている。測量の精度向上と富士山の位置の確定のため、富士山を望めるところではできる限りその方位角を測ったのであろう。富士山を測るために9日間も逗留するというのは、現代の効率主義から見ればいかにも効率の悪いように思えるが、忠敬にとっては、精度の高い地図を作ると言うことが何にもまして優先されることであった。富士山に限らず、顕著な山や島の方角を各地で測っており、その結果は「山島方位記」（国宝）にまとめられている。

銚子や犬吠埼が含まれる大図第58号をみると、犬吠埼の海岸の岩礁の様子や九十九里浜に連なる屏風ヶ浦の断崖などがきわめて絵画的に表現されていることがわかる。このようなリアルな海岸の地形表現を見ると伊能図の神髄に触れる思いである。このような表現は、明治以降の近代地形図の表現にも踏襲されている。

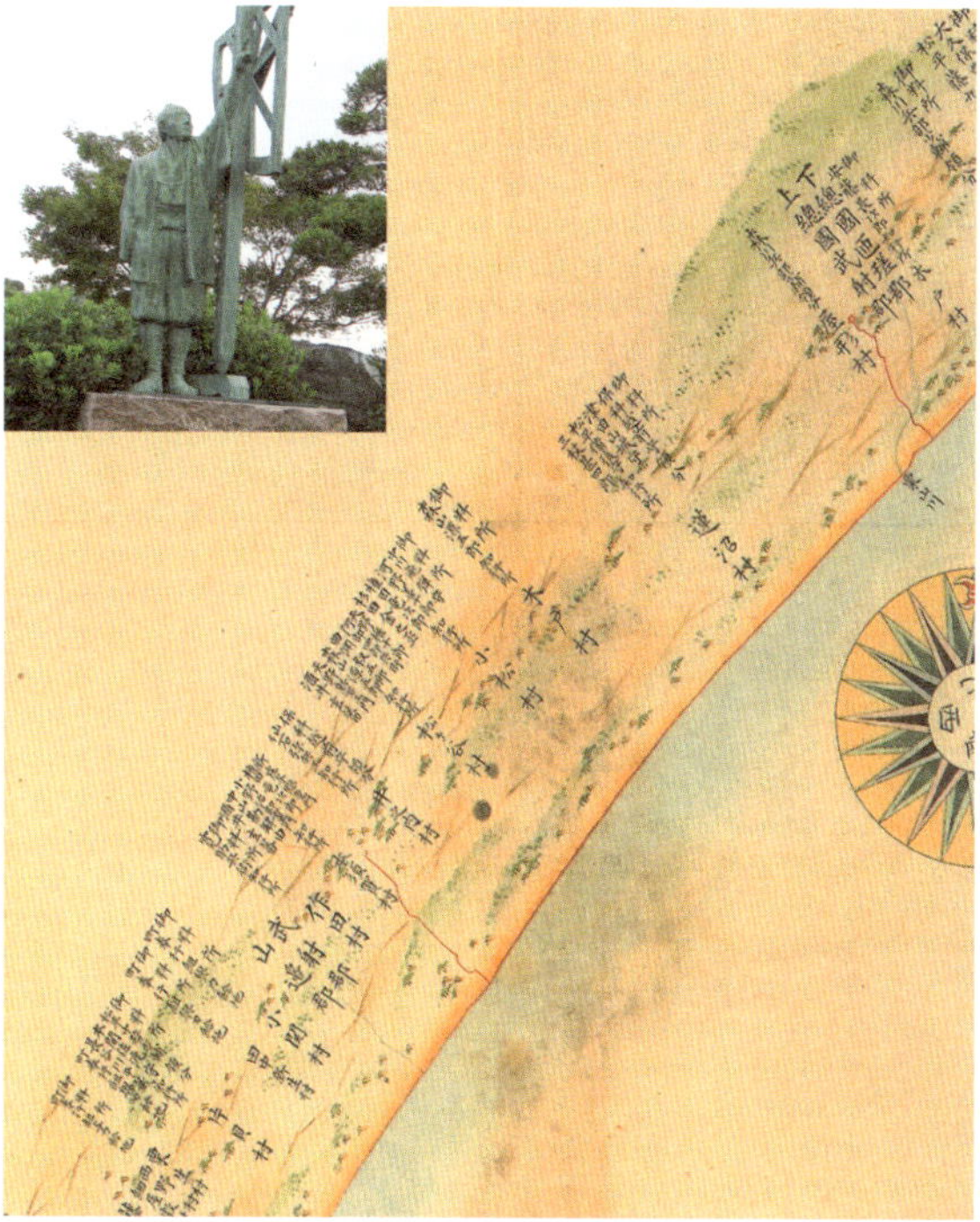

大図第89号九十九里小関村付近（国立国会図書館蔵）
左上：伊能忠敬銅像写真（伊能忠敬生家跡伊能忠敬記念公園）

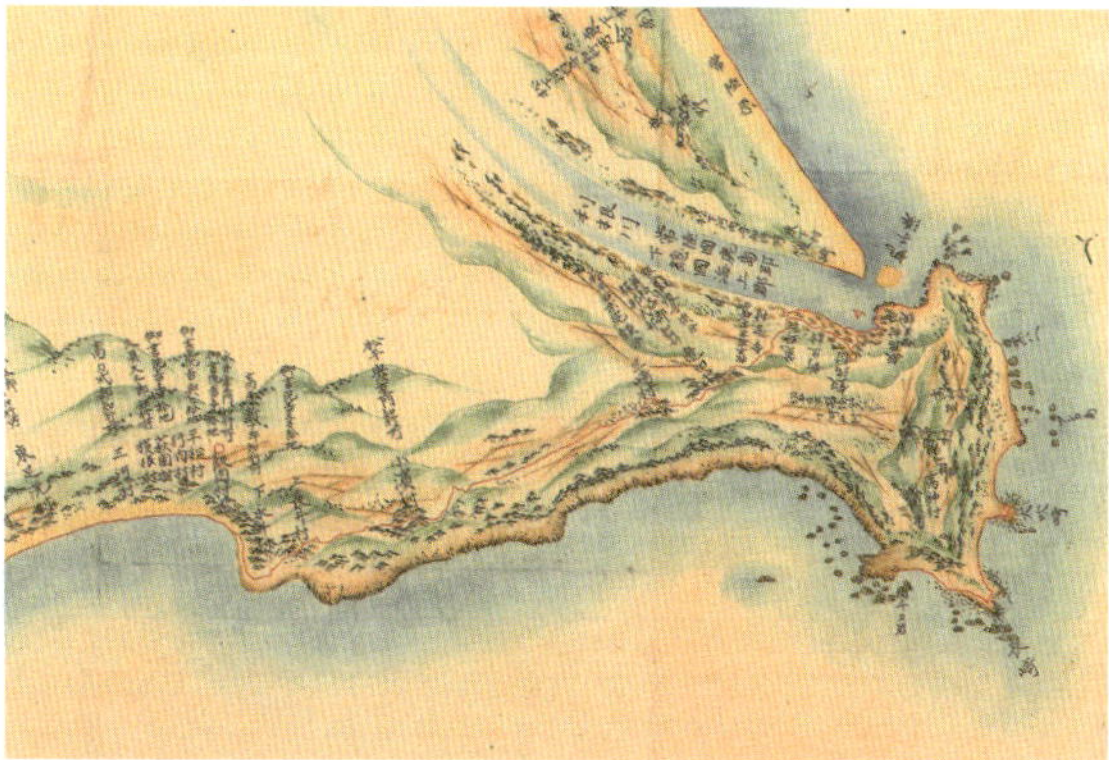

大図58号銚子周辺（国立国会図書館蔵）

21　甲州街道　多摩の測量

文化8（1811）年5月6日、忠敬は、足かけ3年にわたる第七次測量（九州第一次測量）を終えようとして甲州街道を江戸に戻る途次にあった。八王子横山宿に前夜宿泊した伊能測量隊は、先手と後手の2隊に分かれ、先手は日野宿から測量を開始した。後手は粟須新田から日野宿まで進み、先手の測量につないでいる。その後、後手は日野宿㊀印の杭から武蔵国一ノ宮小野神社まで測った。上田村、高幡村、三沢村、上落川村、下落川村、一ノ宮村を通過したことが測量日記に記されている。高幡村の新義真言宗高幡山金剛寺（御朱印30石）、三沢村の同じく八谷山医王寺（御朱印6石6斗）、下落川村の同じく清谷山真照寺（御朱印6石）、一ノ宮村の一ノ宮社（御朱印15石）が測量日記に記され、大図にも描かれている。

一ノ宮村では一ノ宮社まで測量し、そこで打ち止めとしている。その日は、府中馬場宿本陣に止宿したと測量日記には記されているので、日記に記載はないが、おそらく多摩川を渡り府中まで無測量で行ったのであろう。㊀印の杭から一ノ宮社まで1里17町16間と測量日記には記されている。

ここで疑問が残るのは、なぜ一ノ宮社で打ち止めにし、その後は無測量なのかと言うことである。伊能測量においては、著名で重要な寺社にはその門前・社前まで測線が延びていることが多く、それらの寺社の位置を明示しようという意図があったものと思われる。寺社は、測量日記にその名称や御朱印高が記載されていることが多く、寺社を重要視していたことがわかる。寺社まで行き放しの測線を延ばしても、測量の精度向上には役立たず、その測線の精度も必ずしもよくない。従って、測量技術上は余り意味のない測量を行っているので、これは、伊能忠敬は寺社への参詣が目的で、ついでに測量したと解されてきた。

しかし、他国においても一ノ宮へ測線を延ばしている例は多い。その場合もわざわざ一ノ宮まで測線を延ば

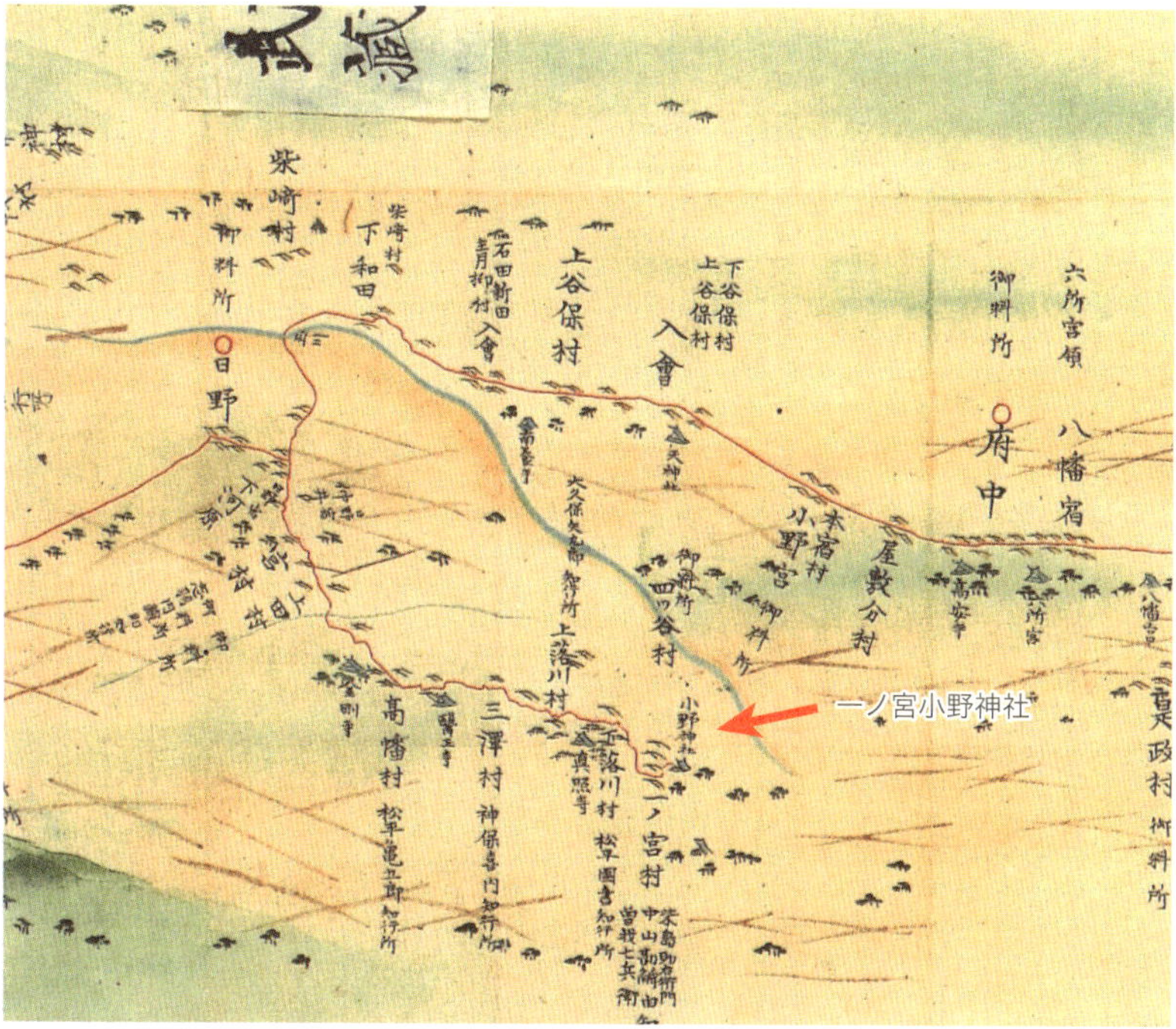

大図第90号多摩（国立国会図書館蔵）

武蔵国一ノ宮小野神社

し、その測線は他の測線につながれず、行き放しの測線となっていることが多い。寺院についても同様のことが言える。私は、これらの寺社の位置を測量したことは、伊能忠敬の信心の厚さや名所旧跡の観光という以上に、当時の寺社が公共的機関であり、檀家制度を通じて行政機関的役割を果たしていたこととも関わり、寺社の位置を地図で明確にすることは伊能測量では大事なことではなかったかと考える。

22　横浜から景勝の地金沢八景を測る

第一次測量で蝦夷地の測量を終え、その成果を地図にまとめ幕府に提出し、大変評価された。忠敬は、蝦夷地測量が、蝦夷地半分で終わってしまったこと、歩測による測量であったことなど、その成果が必ずしも十分でないことを自覚していた。そこで、未測に終わった西蝦夷地と国後・択捉・得撫の測量を願い出た。しかし幕府からは、伊豆半島から東日本の海岸線を明らかにせよという命が下る。異国船の脅威が現実となった当時、幕府にとって伊豆半島、三浦半島、房総半島は江戸の防備にとって要になるところであっただろう。

寛政13（1801）年4月2日富岡八幡宮に詣で、品川で見送りの人々と送別の宴を開き、第二次測量を開始する。川崎に止宿したが、阿波の蜂須賀侯と鉢合わせになったため、宿替えなどをして泊まるところに苦労した。手分けして羽田を回った弟子たちは、案内もなく難儀したと測量日記には記されている。保土ヶ谷宿に宿泊してから現在の横浜市内を海岸沿いに戸部村、横濵村（図中矢印）、北方村、本郷村、根岸村、磯子村、杉田村、富岡村と測量していった。これらの村は、現在では、横浜市の町名として残り、住宅地や商業地として連続した市街地となっている。伊能測量に対し、村々の名主が忠敬一行を案内し、間縄を手伝ったと測量日記には記録されている。大図の横濵村付近を見ると横濵村は、細長く突出した浜の元のところに描かれており、細長い入り江がその背後にはある。まさに横浜は、横に長い浜だったのである。家並みがわずかに書かれている程度で、現在の横浜市を想像することは難しい。その後この浜が外国人居留地となり、入り江は埋め立てられ、横浜の発展が始まった。

富岡から金沢にまわり、金沢八景の海岸線を測量した。金沢八景は、風光明媚な海岸で、大図を見ると現在と違い、当時はかなり海が入り組んだ海岸線で奥まった湾となっていたことがわかる。幕末にイギリス人写真家ベアトが撮影した金沢八景を遠望した写真が知られており、浮世絵にも描かれた金沢八景の200年前の姿が伊能図には示されている。ベアトの写真に写っており、伊能図にも描かれている夏島、烏帽子島、野島は、現在では周りを埋め立てられ、工場の敷地の中に残っているような状態で、烏帽子島はその痕跡もない。

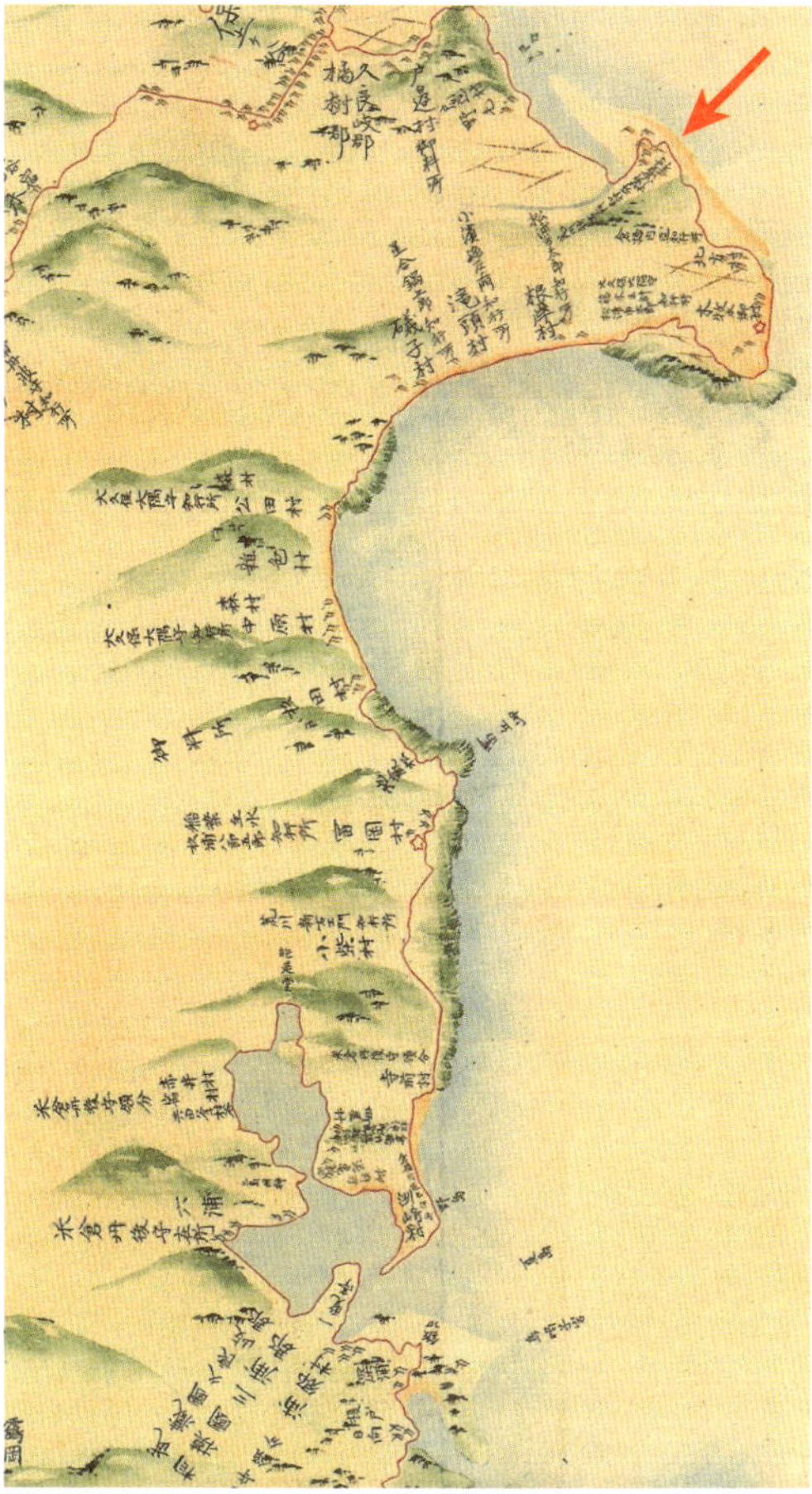

大図第93号金沢八景付近（国立国会図書館蔵）

17.金沢八景遠望。能見堂からの眺めであろう。中央左から夏島、烏帽子島、野島。

F･ベアト撮影金沢八景古写真

F･ベアト幕末写真集（横浜開港資料館蔵）

23　海防の要所伊豆半島を測量する

引き続き金沢八景から三浦半島、湘南を廻り、伊豆半島を測量した。根府川村の関所では、手形がないことを咎められたが、勘定奉行の添触があると言って押し通す。熱海では忠敬の持病の痰（喘息）を発症し、しばらく逗留する。この間に十国峠から十国五島の眺望と測量を心がけるが果たせず、熱海村の名主渡辺彦右衛門が所蔵していた十国峠からの眺望画を写している。熱海から網代、宇佐見と通過し、八幡野（現在の伊豆高原）に達する。八幡野から道路は難所となり、船を出して海中引縄による測量を頻繁に行う。測量器具も重いため船で運んだと測量日記には記されている。源頼朝公相撲見物の場所があるなど、名所旧跡のことも測量日記には記述があり、忠敬が史跡に関心が深いことが知られる。八幡野は、卑湿の地で蛭《ヒル》が甚だしく多いと記している。現在は、別荘地やリゾート地として有名な伊豆高原も二百年前には鄙びた寒村であまり健康地とはいえなかったのであろう。

稲取を経て、下田町に着く。この時期は、ちょうど梅雨の季節であった。そのため、雨に降られて逗留することも多く、その間は下図を作成していた。下田町では、町役人同道で町中の測量を行っている。仕事の役には立たない町役人がぞろぞろついてきてさぞありがた迷惑であっただろうが、忠敬は我慢してつきあっている。

ここで大方位盤が重く、伊豆の山中を運ぶのは困難なので江戸へ送り返す。ところがこれがとんだトラブルで、伊豆測量が終わり江戸の隠宅に戻っても届いていない。さらに第二次測量が終わって江戸に帰着しても届いていない。催促の手紙を出してもなしのつぶて、役所へ訴えると脅してやっと大方位盤が届いた。下田の宿主は不届きの者であると測量日記には憤懣やる方ない思いで書いている。

その後、石廊崎を経て伊豆の西海岸を測量し、三島宿に入る。三島宿には、師の天文方高橋至時から量程車が送られていた。量程車は、車の回転により距離を測る器械で、理屈はよかったが、江戸時代の道では凹凸があり誤差が大きく実用には堪えなかった。金沢や名古屋といった大藩の城下では、間縄を使用して測量するのが憚られたため、量程車を用いているが、ほかでは量程車はほとんど使用していない。

伊豆半島の測量を終え、享和元（1801）年6月6日、一旦深川黒江町の隠宅に戻る。6月19日に改めて東海岸の測量に出立するまで蝦夷会所、佐原村領主の津田侯など関係者への挨拶・連絡で忙しく過ごす。川崎宿で阿波の蜂須賀侯と鉢合わせしたせいだろう、阿波侯の要望で測量器械を見せている。

中図関東地方伊豆半島（NISSHA株式会社蔵）

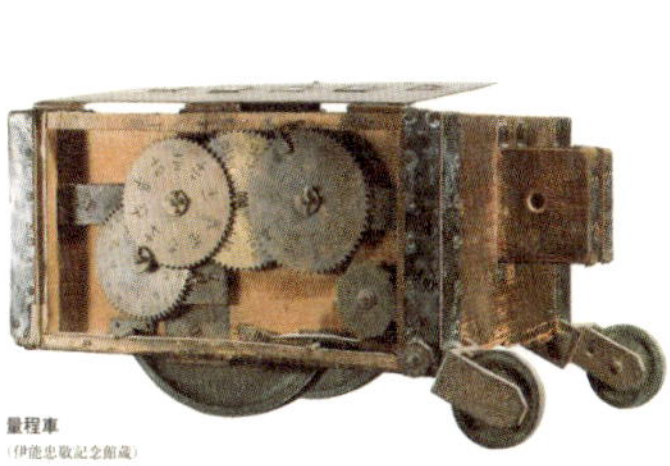

量程車（国宝）（伊能忠敬記念館蔵）

24　使命感の測量　伊豆七島

伊能忠敬は、十次にわたる全国測量を行ったが、最後の江戸府内測量と平行して伊豆七島の測量が行われた。このとき忠敬は70才を超していたため、周囲の勧めもあって不参加となり、測量は、天文方下役や弟子により行われた。

全国測量は、第八次九州第二次測量で所期の目的は達していた。日本の海岸線の形は、主要な島を含めて明らかになっていたはずである。第九次測量は、おそらく異国船の到来による幕府の危機意識と関係があるに違いない。天文方下役永井要助ら隊員5名棹取1名の測量隊は、文化12（1815）年4月27日に江戸を出立した。三島まで測量せずに先を急ぎ、三島から天城峠を越え、下田まで測量した。下田で八丈島に渡るため風待ちをしたが、その間に下田周辺を詳しく測量している。

下田では、9日間逗留したのち、5月18日に八丈島に向かって出帆した。しかし、途中から逆風になり、翌日三宅島に着岸した。三宅島で再度風待ちし、その間に三宅島の一部を測量する。着岸の翌々日に順風となり八丈島に渡る。その翌日ようやく八丈島へ上陸することができた。5月22日から6月28日まで八丈島に滞在して測量し、その間に八丈小島にも渡り、青ヶ島も交会法により遠測して位置を決めている。

6月29日八丈島を出帆して三宅島に向かう。ところが、風が止み潮が早く、三宅島を見失い、3夜4日漂流したあげく三浦三崎に漂着してしまった。そして再び7日間風待ちをして三宅島に7月11日ようやく上陸することができた。三宅島、御蔵島、神津島、新島、利島、式根島を巡り測量したのち、10月11日には下田の先の須崎に戻り、再び大島に渡る。大島測量ののち下田に戻ったのは11月10日であった。下田に戻るときも稲取沖合で終夜漂流して下田に着岸している。約半年に及ぶ伊豆七島の測量であった。

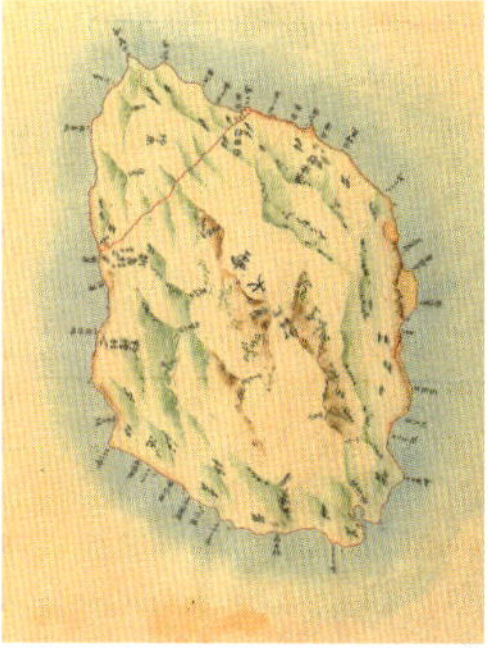

大図第102号大島（国立国会図書館蔵）

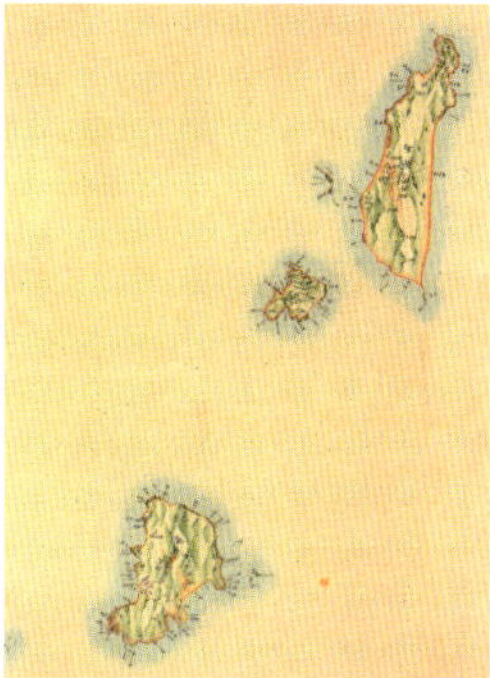

大図第103号新島・神津島・式根島（国立国会図書館蔵）

大図第104号三宅島・御蔵島（国立国会図書館蔵）

大図第105号八丈島（国立国会図書館蔵）

大図第106号青ヶ島（国立国会図書館蔵）

このように危険を伴う苦難の測量行をやり遂げることができたのは、何が支えになったのであろうか。隊員の従僕を途中で帰しているが、隊員の士気は高く、全員で測量を完遂した。これは私の推測だが、伊豆の測量は特別な意味があったのではなかろうか。北方海域や東北の沿岸への異国船の出没は、幕府に大きな緊張をもたらしていたはずである。江戸への門口に当たる伊豆七島や伊豆半島は、海防の要と幕府が考えていたのであろう。一通りの全国測量の終了後、忠敬は参加できなかったが、永井要助を隊長格とした測量隊に一丸となって伊豆測量を完遂させたのは、幕府の危機感と隊員の使命感だったのではないだろうか。

25 富士山の裾野を細かく測量

富士山は、言わずと知れた日本一の山である。伊能測量でも富士山は別格のようである。富士山の周囲、特に静岡県側は詳しく測量している。その結果、伊能図でも他の山と異なり極めて写実的な堂々とした富士山を描いている。また、富士山は極めて顕著な山であるため、測量の目当てとしても裾野からはもちろんのこと、銚子や伊勢のような遠隔地からも富士山が見えれば、その方位角を測っている。富士山の裾野は、第九次測量において詳しく測量された。忠敬は、高齢のため第九次測量に参加しなかったが、天文方下役と弟子達により、伊豆七島と伊豆半島の測量を終えた後、富士の裾野が詳しく測量された。

第九次の伊豆七島測量は、当時の我が国を巡る国際情勢が反映されているものと思われる。しかし富士山麓の測量をなぜこのように詳しく行ったのだろうか。伊豆七島の苦難に満ちた測量のあと、江戸に帰還し忠敬に報告し、地図の仕立てを急ぐ方が良いのではないかと思うのだが、天文方下役永井要助を隊長格とする測量隊は、熱海で正月を過ごし1ヶ月ほど休養したのち、富士山裾野の測量を行い、さらに、箱根、厚木から関東西縁を熊谷まで測量しているのである。途中で厚木街道を渋谷まで戻りながら江戸には帰還せず、再度八王子に向かって東松山、熊谷と測量して行った。

富士山裾野の伊能図と測量日記からわかることは、寺社、旗本陣屋の記載が詳しいことである。後期の測量になると寺社の記載が詳しくなるが、富士山裾野の伊能大図では特に寺社名が京都や奈良並みに詳しい。富士山自体が霊山で信仰の山であり、裾野には、多数の浅間社があり、富士五山（図中矢印）と言われる日蓮宗の古刹もある。江戸時代においては、神仏は混淆しており、神社には、別当寺や神宮寺があり、寺院が神社を管理していた。寺院には宗門人別改帳があり、これはいわば戸籍台帳であり、寺院は、行政機関としての性格を

大図第100号富士山（国立国会図書館蔵）

兼ね備えていた。このため、伊能測量においては、神社の社前、寺院の門前まで測線を延ばして測量し、寺社の位置を明らかにして地図に記載することが重要であったと考えられる。現代人の寺社に対する態度、考え方とは異なるものがあったのであろう。

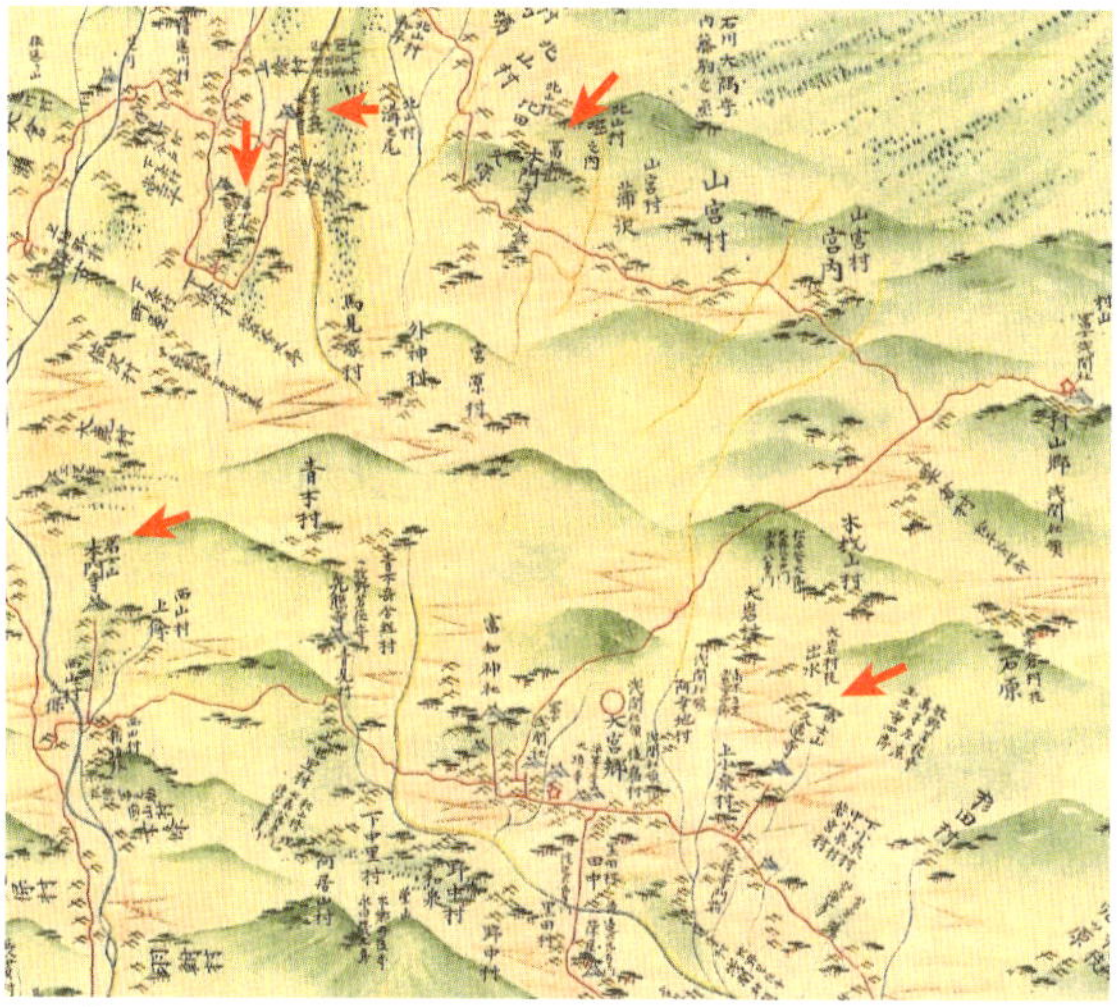

大図第100号富士五山（国立国会図書館蔵）

26　浜名湖の湖岸線を測量する

10次に及んだ伊能測量のうち、第一次から第四次にわたる東日本の測量では、主として海岸線が測量され、湖沼については、象潟など例外を除き、湖岸線が測量されることはなかった。ところが、幕府の直轄事業となった第五次以降湖岸線も測量されるようになる。第五次測量では、浜名湖の湖岸線を測量している。

第四次測量では浜松から海岸線を測ったが、このときには浜名湖の弁天島に渡って測り、弁天島で富士山の方位角を測っている。現在弁天島は、陸続きになり近くを新幹線が通っている。忠敬は、各村に泊触れを出しているが、このあたりでは、各村境に5mばかりの長さの竹の先に白い紙を1、2枚結わえ付けたもの（いわゆる「梵天」）を海岸から30m程度のところに建てておくようにと指示している。測量の見当に使うと言っている。この目印に測線を交会させて誤差のチェックに使ったのだろうか。指示された村人たちも指示を理解できたかよくわからないが、当時、村の指導者たちは道普請や川普請、検地など村政上測量術が必要なこともあり、指示通り対応できたのであろう。測量日記に村役人たちの対応が悪かったという記述はない。

第五次測量では、文化2（1805）年3月17日浜松城下を出発し、浜名湖の湖岸を測量した。浜名湖の測量に当たっては、測量隊を2つに分け、1班は浜松から舞阪まで測量し、忠敬たちは舞阪宿まで直行し、舞阪宿で浜名湖測量についての打ち合わせを行っている。誰と打ち合わせ、どのようなことを話し合ったのか記述がなくわからないが、おそらく浜名湖の湖岸の状況、舟の手配などを村役人達と話し合ったのであろう。浜名湖には、気賀の関所、新居の関所があり、測量の実施に当たって事前の準備・手続きが必要だった。関所の役人に説明して了解を求めている。御用の測量であり、差し障りないとの返事を貰って順調に測量したようである。浜名湖の測量には、18日から28日まで約10日を費やした。

第六次測量においては、文化5（1808）年2月6日浜松からいわゆる姫街道を測量し、三方ヶ原を通って浜名湖の北岸を気賀、三ヶ日等を通過して豊川に抜けている。三方ヶ原は、武田信玄と徳川家康の古戦場として有名だが、測量日記ではそのことには触れていない。街道の周囲に家もなく、大図にも三方原に村名は少なく、荒蕪地が広がっていたようである。

大図第111号浜名湖（アメリカ議会図書館蔵）

新居関所（特別史跡）

27 東三河の大きな砂州を描く

伊能大図第116号には巨大な砂州が三河湾の最奥部に描かれている。吉田（豊橋市）と田原（田原市）の間の三河湾は、埋め立てが進み、自動車産業などの工場地帯となっている。この大図に描かれたような大きな砂州があったことは、この地域の住民にもほとんど知られていないのではなかろうか。水中洲と書かれている砂嘴と田原湾の入り口の大きな中州は、干潟状の隠顕砂州で測量できなかったのであろう。砂州の内部にも青い点描が描かれており、低湿な状況であったことを示している。一方、この2つの大きな砂州に挟まれて周囲が測線でもって描かれている砂州があり、黄色に彩色され、砂浜であることを示している。田原湾の海岸も砂浜の黄色で塗られた部分と青灰色の塗られた部分とがあり、砂浜とより低湿な泥浜が分布していたことを物語っている。第116号全体を見ても、三河湾一円において黄色の砂浜と青灰色の泥浜とが交互に分布している。

明治23年測図の陸地測量部の地形図を見ると、水中州のような大きな砂嘴をみることはできないが、田原湾には多数の砂州が点在し、伊能図に描かれた砂州の面影を残している。現在は、自動車産業の発展により、かつての砂州も埋め立てられ、自動車関連の工場が広い土地を占めている。このように発展した姿を忠敬は想像できただろうか。過去の地形が伊能図に記録されていることから、近現代に大きく国土の姿が変わったこと示す好例である。

吉田は、大図に城主の名前が記載されていないが、伊能測量当時大河内松平家七万石の城下町であり、東海道の宿場でもあった。大河内松平家には、美麗な伊能中図が伝わり、現在は東京国立博物館の所蔵となり、国の重要文化財に指定されている。大図を見ると、吉田城の城郭は、やや不明瞭であるが、それでも櫓がいくつか描かれている。城

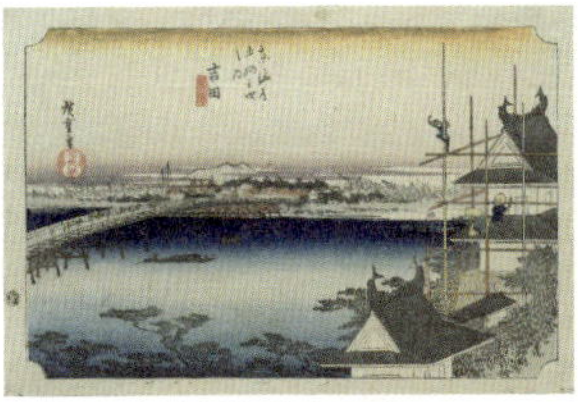
安藤広重「東海道吉田宿」

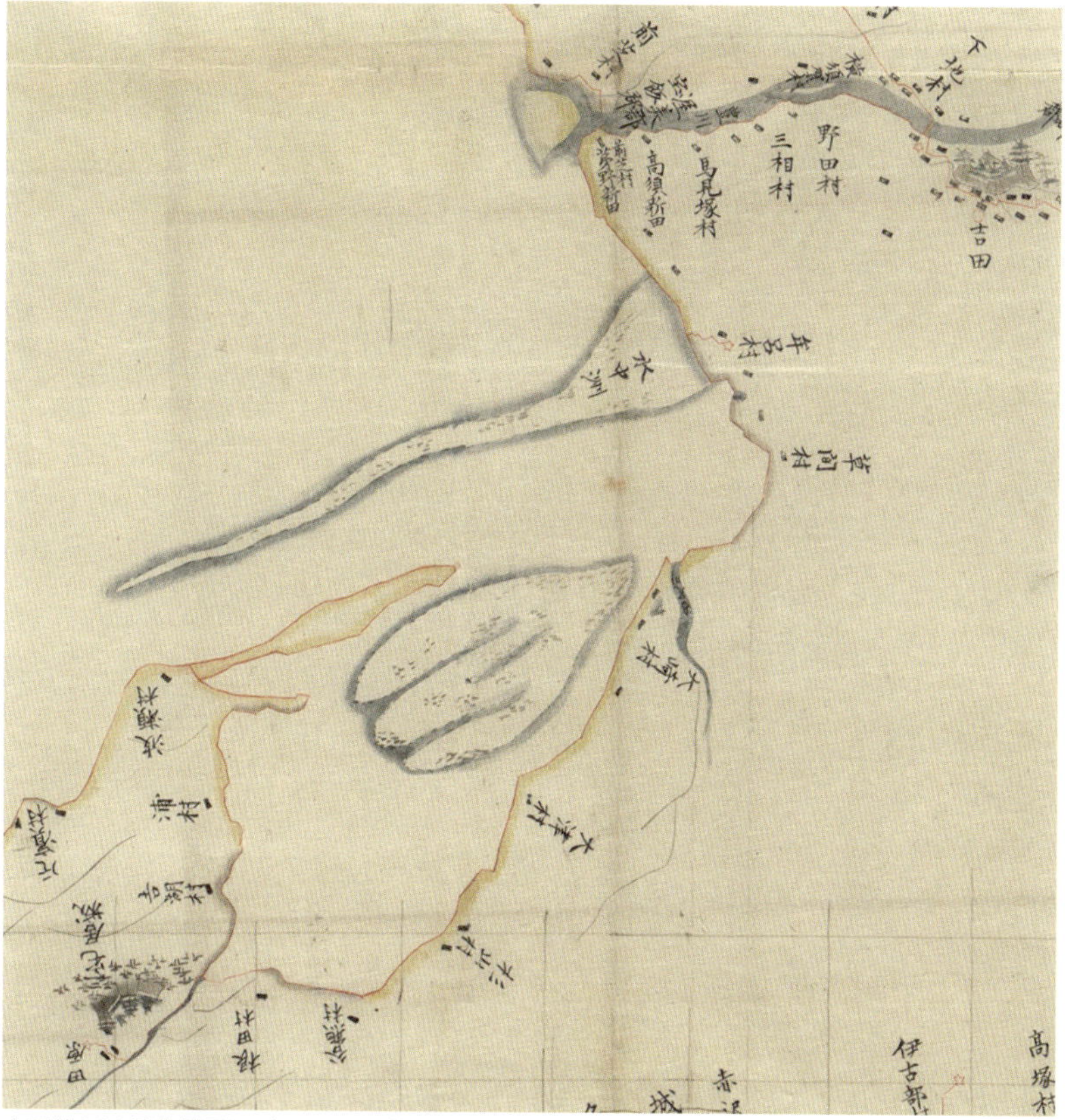

大図第116号豊橋周辺（アメリカ議会図書館蔵）

の前面には細い水路が描かれている。また、城の東側には、不明瞭であるが、松の木様の樹木が描かれている。安藤広重の東海道53次の浮世絵を見ると城の周りには松林が描かれている。城下の出入り口は測線が大きく屈曲し、豊川を渡る橋が描かれているが、これは吉田橋と言い、当時は東海道3大橋の一つであった。この橋は広重の浮世絵にも描かれ、橋から見た吉田城も描かれている。広重の浮世絵と伊能図を比較してみると伊能測量当時の景観が目に浮かぶようである。

28　徳川氏の故地松平郷を測量する

自動車産業で栄える豊田市は、かつての挙母町が発展し、市域を広げてきた。その豊田市の東、三河山地の西端の丘陵に囲まれて松平郷はある。都会の喧噪を離れた静かな山里である。徳川氏の祖先は、松平郷に居住した松平親氏とされ、3代目の信宏が松平太郎左衛門を名乗り、代々松平郷を治めた。松平太郎左衛門家は交代寄合に列せられ、参勤交代を行い、知行は442石と多くはないが、大名に次ぐ家格を与えられたのである。

伊能忠敬は、第七次測量の帰路にわざわざ松平郷まで足を延ばし、測量している。文化8（1811）年3月27日挙母町を出立し、2班に分かれて挙母・西尾・岡崎とその周辺を測量し、28日に岡崎に着いた。翌日は、岡崎に逗留して甲山八幡宮、松応寺、伊賀八幡宮、大樹寺、滝山寺と言った寺社を測量している。何れも徳川家ゆかりの寺社で、測量日記によれば、それぞれ100石以上の御朱印を与えられ、松応寺が100石、大樹寺は、616石余である。挙母・西尾・岡崎と譜代の大名が固め、交代寄合の旗本知行所も多く、徳川幕府にとって三河国は特別なところであった。現在でもその余光が感じられる。

3月29日岡崎を出立し、信光明寺、妙心寺、西林寺、竜渓院と言った寺々に測線を分岐してその門前まで測りながら奥殿藩の陣屋の前まで測っている。奥殿藩は大給《オギュウ》松平家の小藩で陣屋が復元されている。大給松平家は、徳川家と祖先をともにし、奥殿から松平郷に到る途中の大給村が出身地である。1万6千石の小藩であったが、信州佐久の田野口にも領地があり、幕末に函館五稜郭と同様の西洋式の城郭を築いて田野口に移ったことで知られている。

翌30日松平郷に向かった。途中の大給村には、大給松平家の古城跡があると測量日記に記されている。大図には、松平太郎左衛門屋敷と松平家の墓所がある高月院が描かれ、高月院の門前まで測線が達している。地名

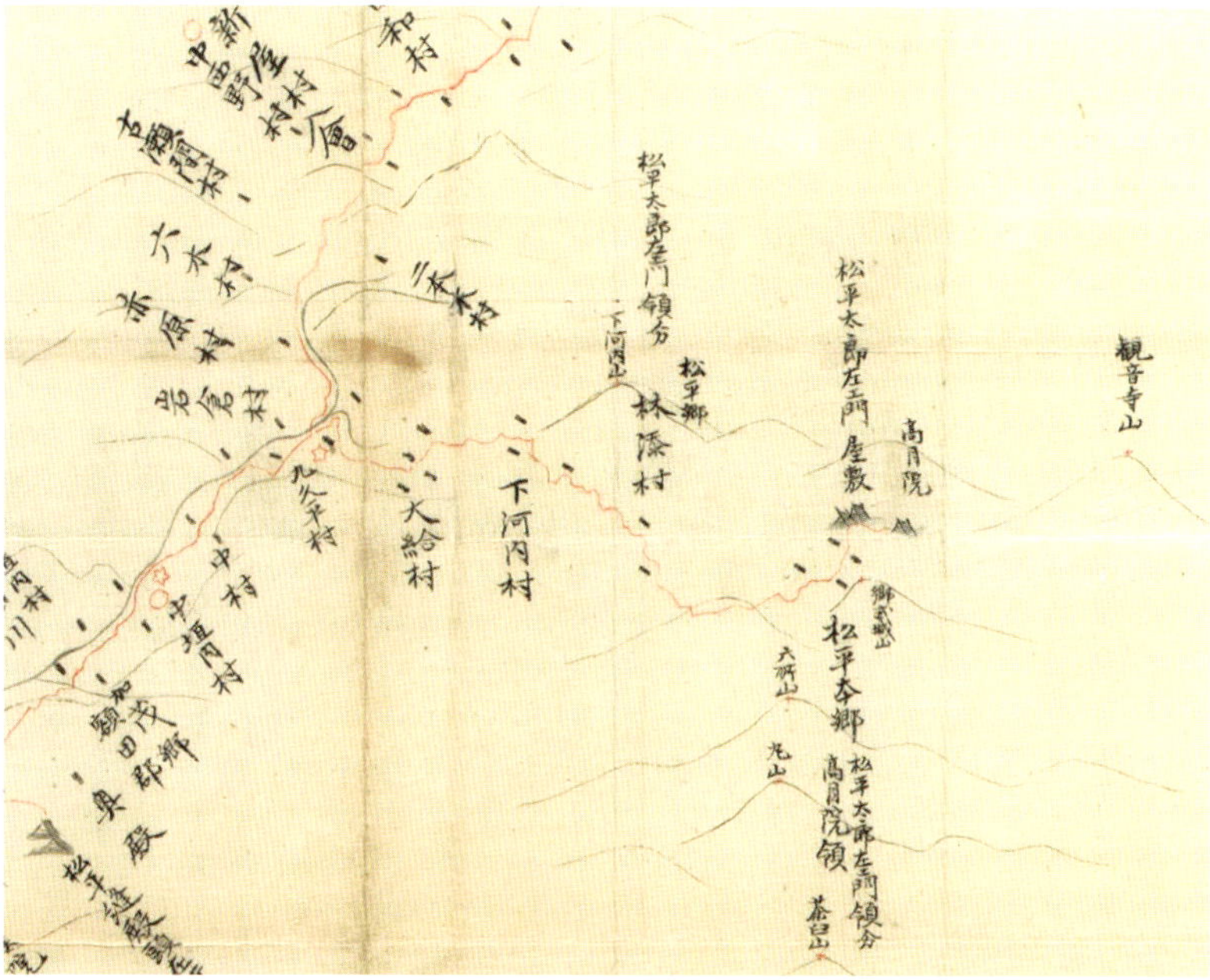

大図第115号松平郷（アメリカ議会図書館蔵）

松平氏墓所

は、松平本郷と記載され、松平太郎左衛門領分、高月院領と注記されている。伊能図では、領地について、大名の場合は領分と書かれ、旗本は知行所と書かれているのが普通であるが、松平太郎左衛門領分と書かれているのは、徳川家の祖先であることに敬意を表したのであろうか。因みに測量日記では、松平太郎左衛門知行所と書いている。高月院は、松平親氏の墓があり、徳川家康から100石が与えられ、松平家の菩提寺となり、徳川家光からは本堂や山門が寄進された。測量日記には御朱印125石5斗とされている。松平郷を囲む山の頂も交会法によりその位置を測っており、徳川家の故地であることから入念に測量したのであろう。

29 木曽川河口を測量し伊勢神宮へ向かう

伊勢地方の測量は、第五次測量と第六次測量により行われた。第五次測量では、浜名湖の測量を終え、伊勢湾の海岸沿いを測量して熱田宿から佐屋宿へ向かい、佐屋宿から木曽川の河口のいわゆる輪中地帯を測量した。木曽川の河口は、第四次測量でも熱田宿から干拓地の海岸線を測量し、木曽川三角州の東端を廻って測量している。

木曽川河口の伊能大図を見ると、新田の地名が非常に多い。測線が通過している新田の地名の先には、輪郭をぼかして描き、青緑色の点描を加えた河口の中州が多数描かれている。これらの河口の先端の中州は、一部は芦や葦のような湿地の植物が生い茂り、一部は干潟となり、歩行することは難しかったのであろう。測量している中州でも、その全周は必ずしも測量できていないところが多い。歩行困難な湿地・干潟の広がる景観が想像できる。このような条件の悪い土地を開拓し、現在の木曽川河口の干拓地の基礎を作っていった江戸時代の人々の努力には頭が下がる。

第五次測量で木曽川河口を測量したのち、街道と海辺の測量の2班に分け、桑名城下から津城下を通過して、外宮の山田町、内宮の宇治町へ向かう。宇治・山田に滞在中は、忠敬は大忙しであった。神宮の御師、暦師、内宮・外宮の役人などが入れ替わり立ち替わり挨拶に訪れる。菓子や酒肴など様々な贈り物をこれらの人々が持ってくる。忠敬の側も御師に心付けを進上している。測量日記からも江戸時代の贈答の文化が窺い知れる。暦師とは暦術について話が弾んだことも測量日記に記されている。

このように地元の人々の応接で多忙な間に測量も行い、経度測定のため、木星の凌犯（木星の衛星が木星の影に隠れる現象）を観測している。天候に恵まれなかったこともありうまくいかなかったようである。勿論内宮・外宮の参拝も行った。昼も夜も多忙に過ごしていたようである。

神宮周辺の測量を終え、鳥羽に向かった。神宮の役人や暦師が鳥羽まで見送りに出ている。誠に丁寧な対応である。鳥羽に滞在して答志島などを測ったのち、志摩半島の複雑な海岸線を測量した。鳥羽では富士山や白山の方位を測り、木星衛星の凌犯の観測も行っている。鳥羽城主の稲垣信濃守は、伊能測量隊の主要メンバーを饗応したり、家士を不時の対応が可能なように詰めさせたり、大船の提供を申し出たり、大変丁寧な対応をしたようである。

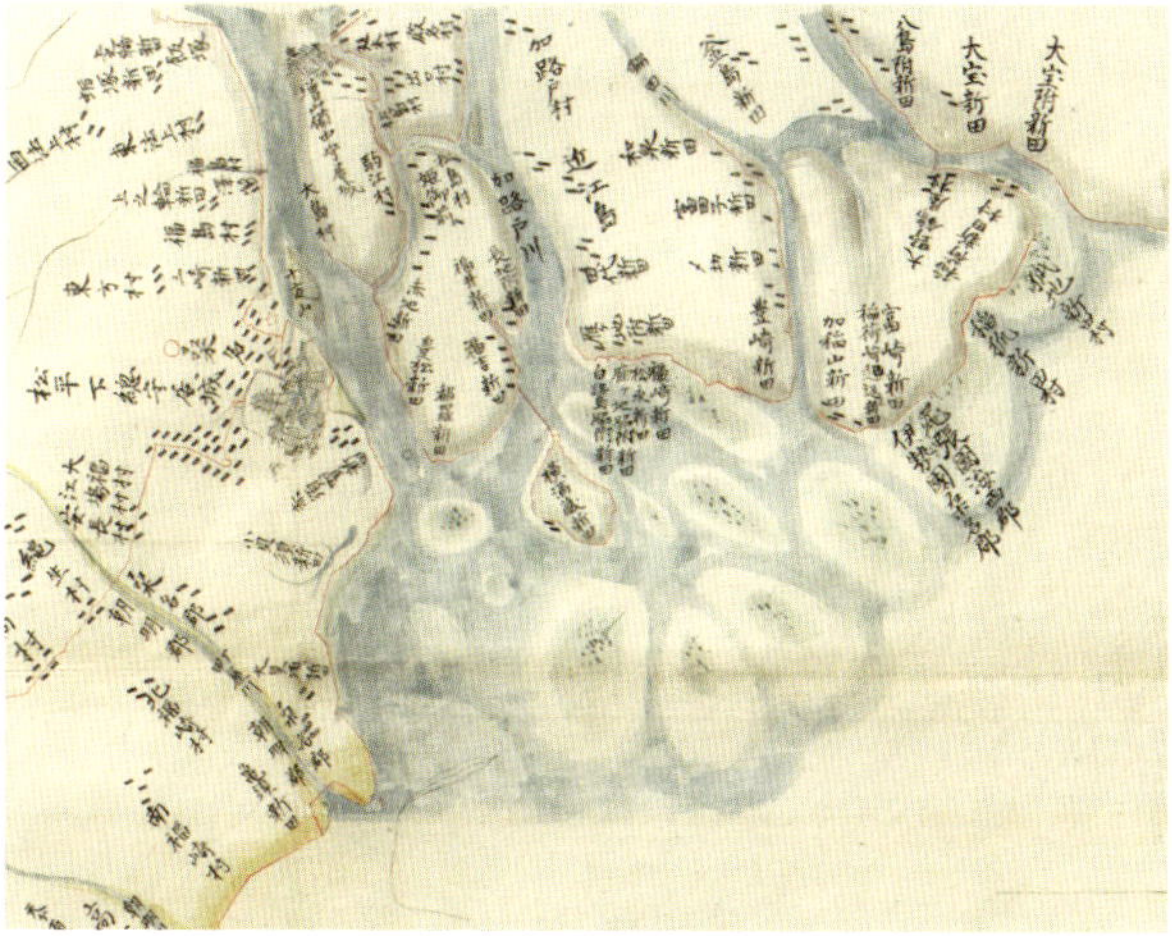

大図第129号木曽川河口（アメリカ議会図書館蔵）

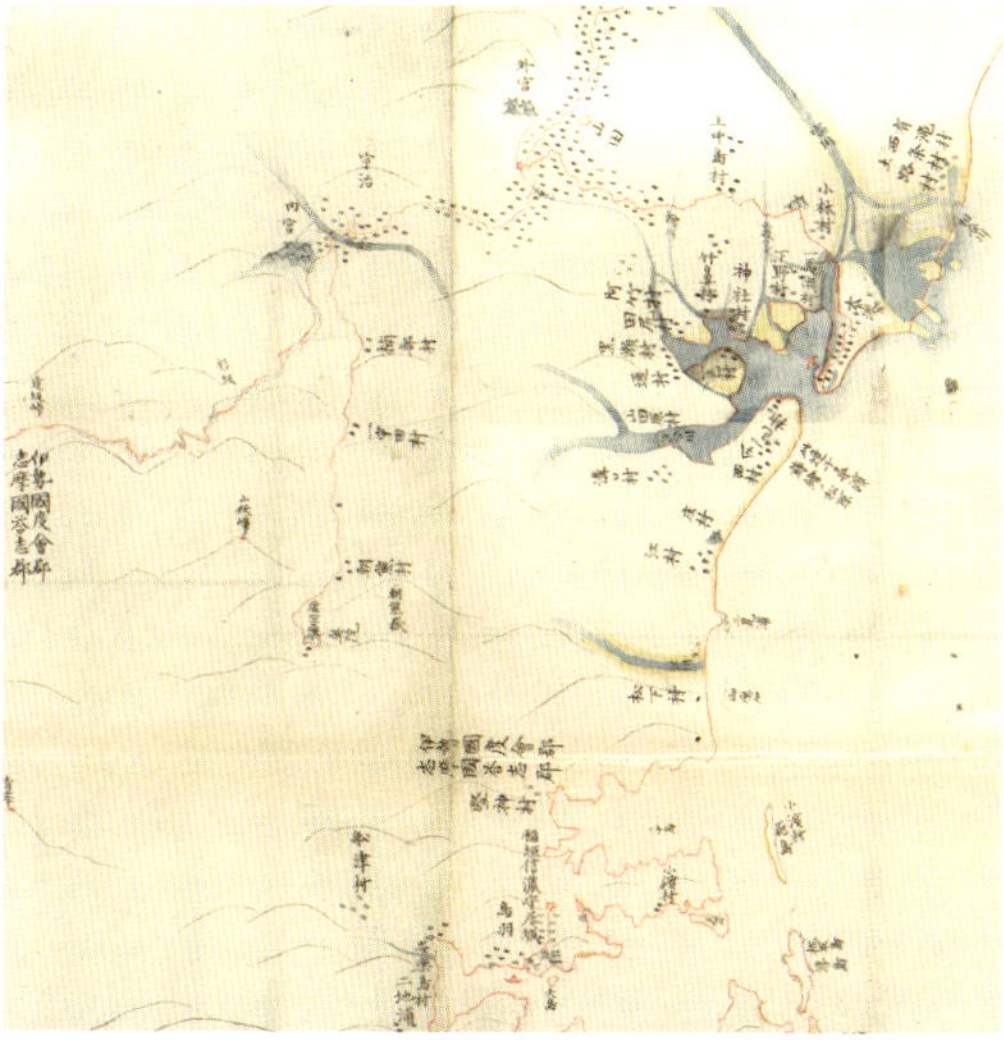

大図第117号伊勢神宮周辺（アメリカ議会図書館蔵）

第六次測量では、大和路を測量したのち、伊勢で年を越し、元旦には一同麻裃を着用し、威儀を正して内宮・外宮に参拝している。

30 金山の島佐渡を一周する

江戸時代の佐渡は、金山の島であった。相川には、金山の遺跡が残り、観光地となっている。嘗ては流刑地であり、渡るのも大変で、風待ちをして渡らなければならず、風待ちのために対岸で逗留ということも日常茶飯事であり、出港しても風向きが変わり戻ることも多々あったようである。

忠敬一行も、第四次測量において出雲崎から渡ったが、一週間ほど風待ちで逗留している。一度は出港したが風向きが変わり引き返している。佐渡の測量終了後は、寺泊へ戻っている。

佐渡は、北部の大佐渡、南部の小佐渡、両者に挟まれた国仲平野の三地域に分けられる。伊能測量隊は、忠敬の本隊と平山郡蔵の支隊に分けて測量し、大佐渡と国仲平野は、平山郡蔵の支隊が測量した。佐渡は、古代・中世には都での政争に敗れた人々の流刑の地でもあったため、都の文化のあとをとどめる史跡も多い。佐渡の大図を見ると、順徳院陵、根本寺、牛頭天王八王子権現と寺社関係の注記が国仲平野の測線に見られる。

順徳院とは、後鳥羽上皇とともに承久の乱で鎌倉幕府倒幕を企てた順徳天皇である。倒幕に失敗して佐渡に流され、その生涯を閉じた悲劇の天皇である。忠敬一行は、順徳院陵に参拝し、測線が順徳院陵の前まで延びている。順徳天皇の御陵は、京都大原にあり、佐渡で火葬された遺骨が葬られたとされているが、佐渡の順徳院陵は、火葬の地に築かれた火葬塚で、現在は真野御陵と呼ばれている。宮内庁管理である。

佐渡には、日蓮の事跡も多いが、その一つが根本寺である。文永八（1271）年に佐渡に流された日蓮は、当時死人の捨て場所と言われた塚原に三昧堂を建て、他宗の僧との問答に勝利したと言われている。この三昧堂に始まるのが根本寺である。日蓮宗十大聖跡の一つとされている。

佐渡は、日本最大の金銀山であり、相川には佐渡奉行所がおかれ、金銀の採掘・精錬を管理していた。各湊

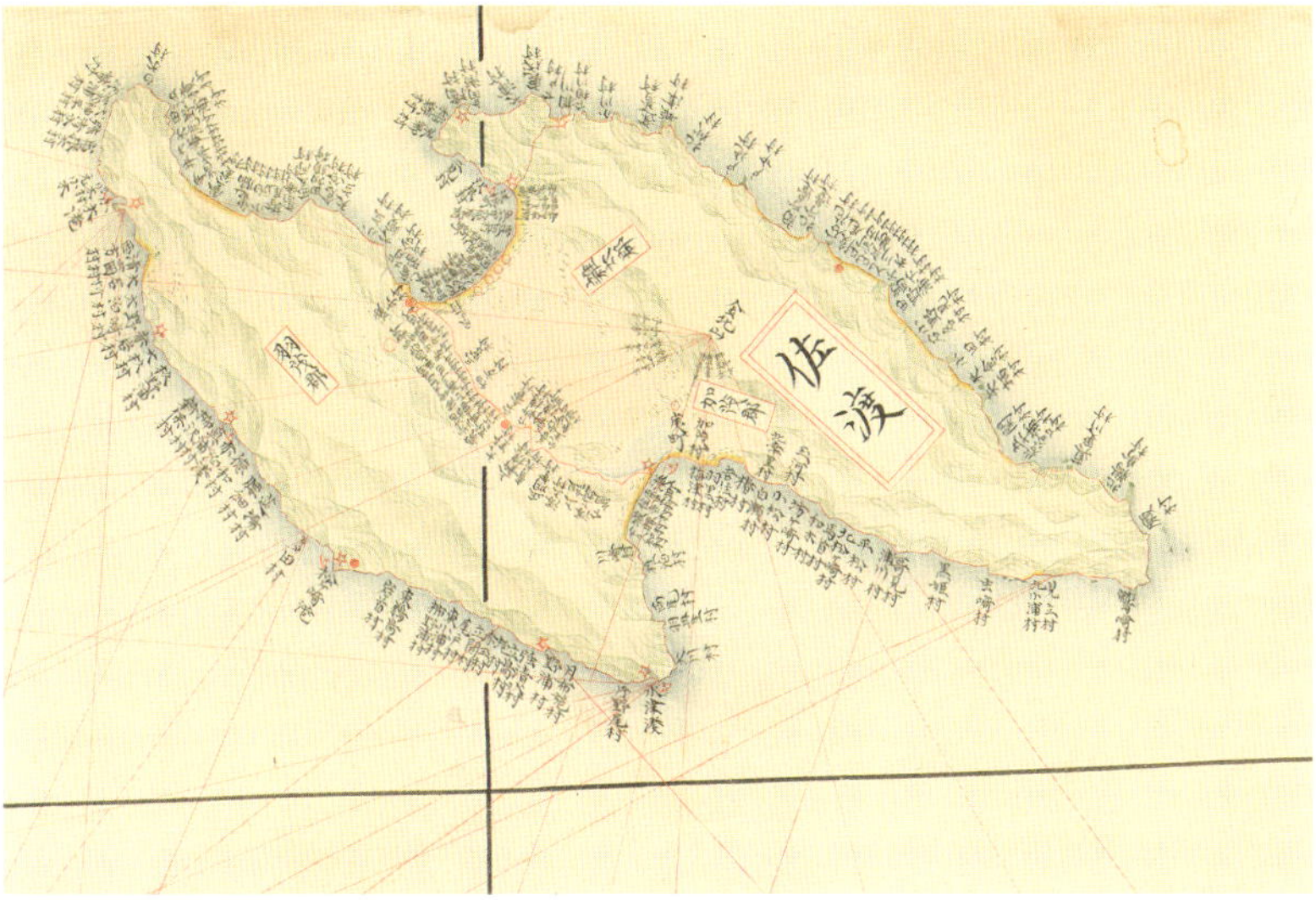

中図第３図佐渡（NISSHA株式会社蔵）

佐渡奉行所跡（復元）

には番所がおかれ、島への出入りの取締りは厳重であった。伊能測量隊は、佐渡に渡るとすぐ相川まで測量し、奉行所に出頭して渡海の届けを提出している。そのときに取り次いだのは、蝦夷地測量の際ビロウ（広尾）で会った平野仁左衛門という取次広間役であった。このときには、銀山を見学している。

相川で測量隊を二つに分け、忠敬が率いる本隊は、小木湊に戻って小佐渡の測量を行い、平山郡蔵率いる支隊は、大佐渡を測量した。

31　善光寺平の城下を巡る

第三次測量において越後国高田から北国街道を善光寺・上田と測量したが、第八次測量のときは、松本から善光寺を通り、千曲川右岸を測量して文化11（１８１４）年5月2日に、飯山まで至った。飯山は、石高二万石の本多豊前守の城下町で、飯山の市中を測量している。5月3日には飯山城下を二手に分かれて出発し、千曲川左岸を測量した。この日は、小布施村を通過し、須坂まで測量している。飯山の城下を出て綱取渡（綱切渡）で千曲川を渡る。川幅を測遠術で測り、幅１０６間1尺5寸（２００ｍ弱）と測量日記に記している。小布施村は人家４０８軒と測量日記にはあり、宿駅の記号もつけられた大きな村であった。小布施は栗で有名である。

大図には、須坂は堀淡路守在所と記され、陣屋と思われる建物が描かれている。当時、藩主は堀淡路守直興《なおおき》で、1万50石余の小藩であった。須坂では、松代へ向かう街道から分かれて須坂の市中を測量している。

5月４日松代道を測量する。松代までいくつか川を渡っているが、これらの川は涸れ川が多かった。市川無水川原、鮎川無水川原と測量日記には記されている。大図には、これらの川は黄色の線で表現されており、涸れ川であることを示している。千曲川に注ぐ支流の河川は、背後の高い山地から流れ出て扇状地を作っている。扇状地は、砂礫からなるため透水性が良く、渇水期になると涸れてしまうことも多い。江戸時代には上流にダムなどの施設もなく、自然河川に近い状態であった一方、用水などの取水は盛んに行われていたため、涸れ川となることも多かったのであろう

千曲川と犀川の合流点は、犀川を花のつぼみのような形に描いている。ミョウガを縦に切ったときの断面のような形である。何故このような形に描いたのかよく分からないが、伊能測量当時は、合流点での犀川の分流

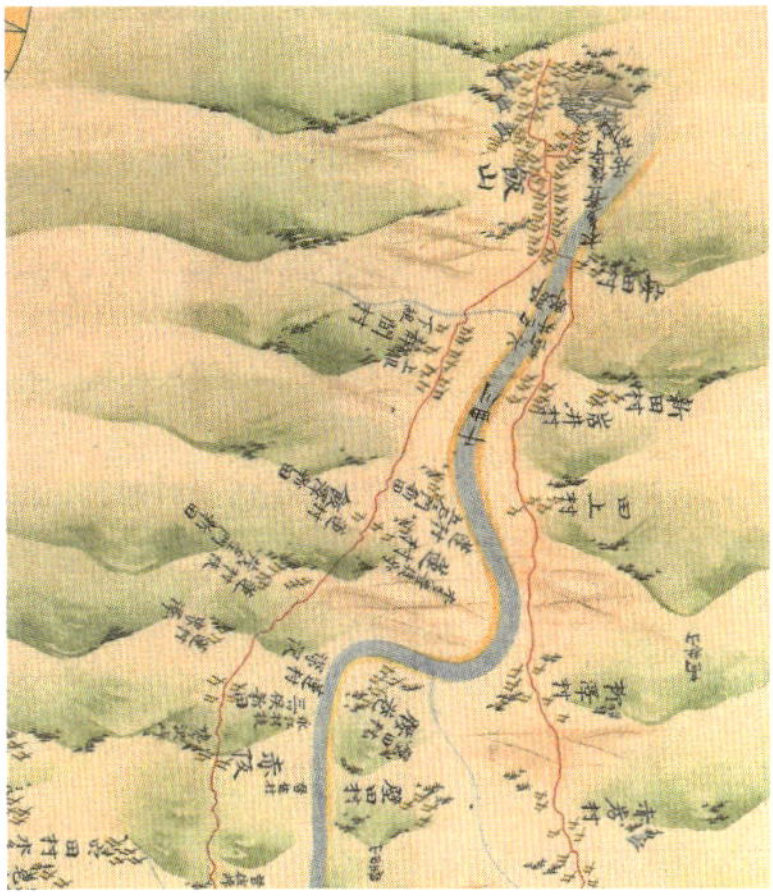
大図第81号飯山付近（国立国会図書館蔵）

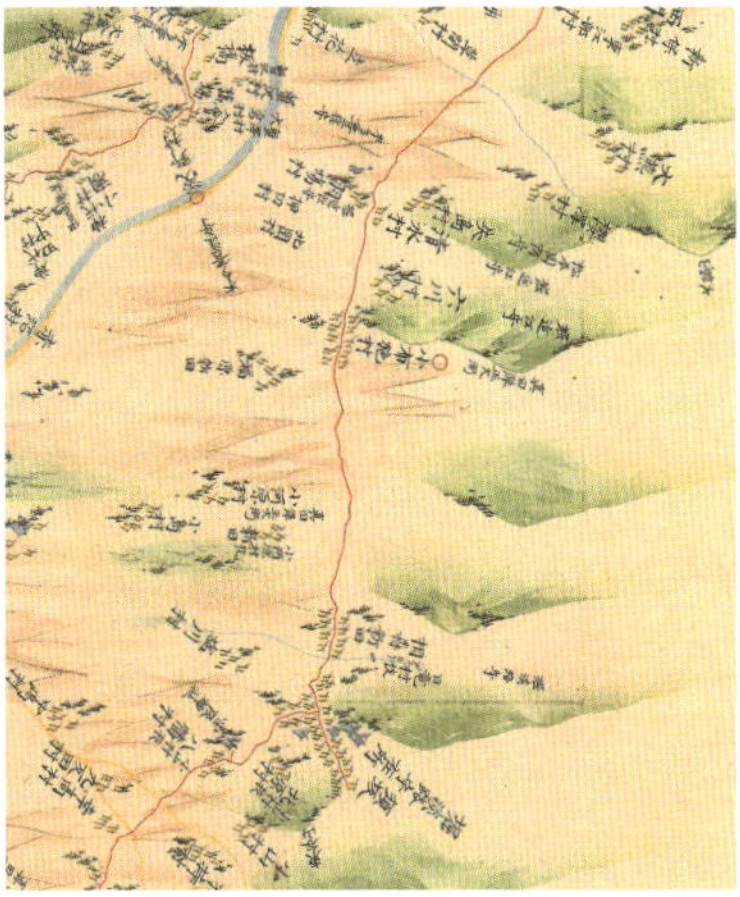
大図第81号須坂付近（国立国会図書館蔵）

が著しかったのであろう。その後、松代の城下に入り本陣に止宿した。

松代は、真田弾正大弼10万石の城下町である。家数393軒、大図には長国寺、大林寺、祝神社の注記がある。長国寺は、真田家歴代の墓所である。

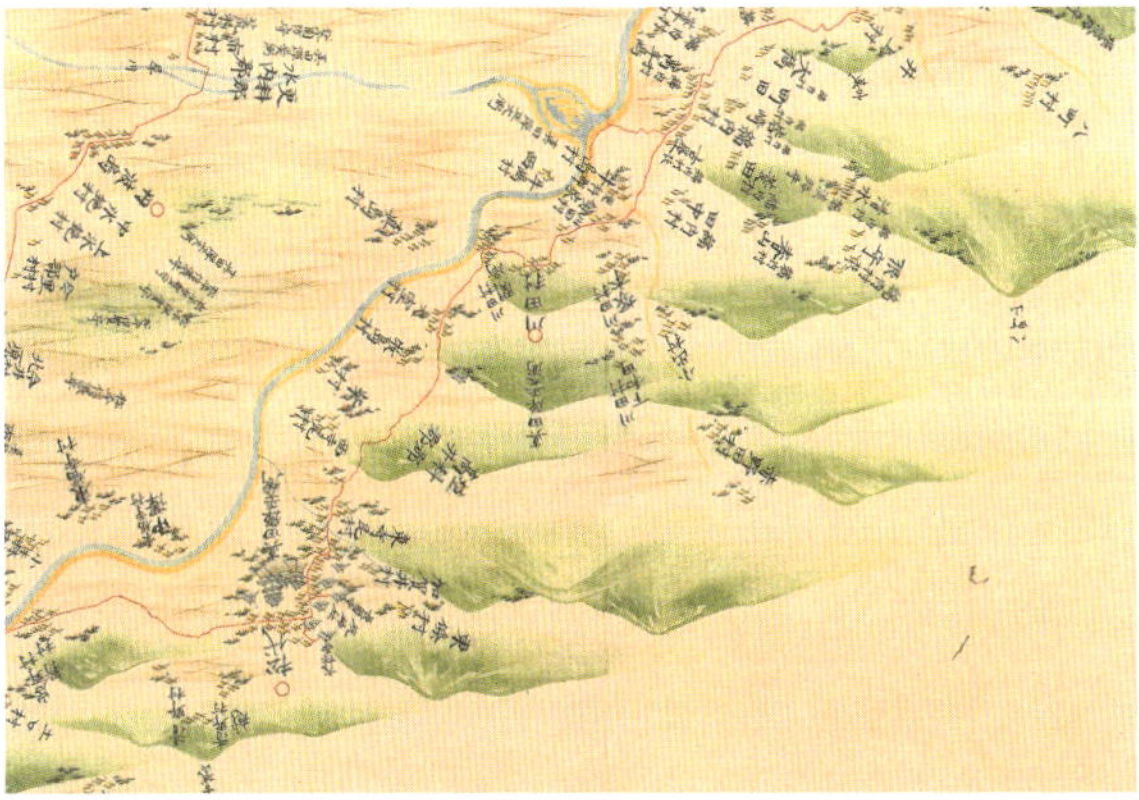
大図第81号松代付近（国立国会図書館蔵）

真田家初代の真田信之の霊屋は、国の重要文化財に指定されている。大林寺には、真田信之の母寒松院の墓所がある。祝神社は式内社で、天明8年に火災で焼失し、文化9年に再建された。伊能測量時には、再建なったばかりの社殿に参詣したものと思われる。

32 姥捨山の名所「田毎の月」

第八次測量では、文化11（1814）年4月18日に高山を出発し、野麦峠を越えて信州に入り、木曾街道を北上して松本には4月25日に到着した。松本から善光寺に向かったが、途中姨捨山に測線を延ばしている。

4月28日には、麻績《おみ》宿から猿ヶ馬場峠を通過しているが、法善寺、治田《はるた》神社、竜洞《りゆうとう》院など多くの寺社に寄っている。法善寺は、御朱印は8石、本尊は釈迦如来と測量日記には記されている。釈迦如来座像は麻績村の指定文化財である。桑原村から稲荷山村の間では、大図に描かれている竜洞院と治田神社に測線が分岐している。治田神社は、上社と下社とがあり、大図に治田神社と注記がある方が上社で上諏訪大明神とも言われていることが測量日記には記されている。桑原村の集落から治田神社への分岐測線が細流を渡るが、続けて竜洞院に向かい、さらに測線を分岐する。竜洞院に向かう途中、右三町（約330m）ばかりの森の中に治田神社下社を見る。下社まで測線を延ばさなかったが、遠測したことが測量日記には記されており、下諏訪大明神と言われていることも書かれている。竜洞院に向かう測線の右側に描かれている叢が注記はないが治田神社下社であろう。竜洞院は、遠州袋井の可睡斎の末寺で本堂に釈迦如来像があり、御朱印は15石と測量日記には記録されている。釈迦如来像は、測量日記には「弘法大師作武田信玄より代々拝領」と記されている。

姨捨山に向かった忠敬本隊は、志河沢を渡る。「志河沢水無」と測量日記には記されているが、大図では青い線で引かれている。本八幡村には、式内社である武水別神社があり、「神領御朱印二百石、内百石別当天台宗清浄山神宮寺」と測量日記には記され、神仏習合の時代の寺院と神社の関係を示している。武水別神社には、長野県宝の指定を受けた灯籠や銅剣が残されている。

その先は名所「田毎の月」（図中矢印）である。小袋石、姪石があり、月見堂の登り口に芭蕉塚がある。高

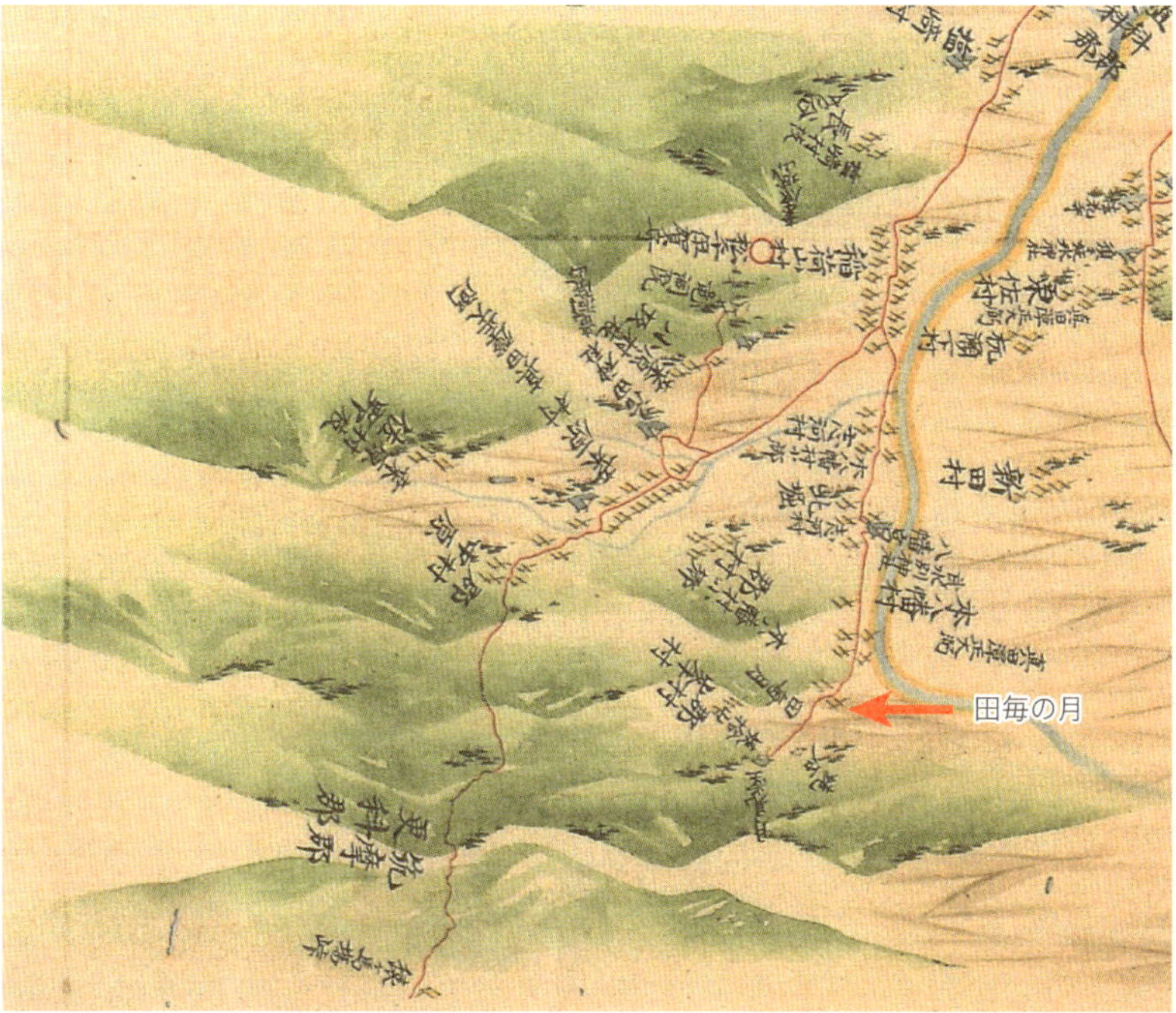

大図第81号姨捨山（国立国会図書館蔵）

姨捨の棚田

さ10間、横7間ばかりの姥石があり、月見堂からの眺めは、周囲の山々、千曲川の流れが絶景であると測量日記には記されている。さらに、測量日記には、更級十三景、即ち「姥石」、「姪石」、「甥石」、「小袋石」、「桂ノ木」、「一重山」、「有明山」、「更級川」、「宝ノ池」、「田毎月」、「冠着岳」、「鏡台山」、「千曲川」が列記されている。そして、紀貫之などが姨捨山の月を詠んだ古歌を書き記している。忠敬の教養が披瀝されているところである。

33　木曽十一宿を測量隊は進む

文化6（1809）年8月に江戸を出立した第七次伊能測量隊一行は、中山道を通り10月には木曽路にやってきた。木曽路は、木曽山脈と美濃・飛騨の山地に挟まれた木曽川の作る狭く険しい谷を伝う道である。贄川宿から馬籠宿まで木曽十一宿と称された。伊能大図にも十一宿全て記載されている。10月1日に贄川宿を経て奈良井宿に泊まり、宮越宿、福嶋宿、上松宿、須原宿、野尻宿、三富野宿と止宿して8日に馬籠宿に着いた。

贄川宿から奈良井宿までは途中で平澤を通る。平澤は、中図には記載されていないが、家数132軒と大きな集落で、塗り物・木地を製すと測量日記に記されている。平澤は、現在も木曽漆器の産地として有名で、漆器工場や木工場が多数あり、集落に沿う旧木曾街道を歩くと漆器の店が多い。漆工町として古い町並みをよく残し、重要伝統的建造物群保存地区に指定されている。表通りに店が並び、その裏には漆工職人が住み漆工作業場がある。

奈良井宿は、大きな宿場である。奈良井宿も挽物・塗物が多いと日記には記している。平澤と一体をなして漆器産業で潤った。奈良井宿も、重要伝統的建造物群保存地区に指定され、古い宿場の姿をよく残し、多数の観光客で賑わっている。

奈良井宿と宮腰宿の間に薮原宿があり、お六櫛で有名である。測量日記にもお六櫛、挽物細工多しと記されている。福島宿では、木曽代官山村甚兵衛の代官屋敷まで測量した。大図には、山村甚兵衛陣屋が木曽川右岸に描かれている。山村氏の下屋敷と庭園は現在も残っており、公開されている。上松宿の寝覚では、臨川寺から寝覚ノ床を眺めた。

須原宿では、定勝寺を訪ね唐画数点を見せて貰っている。山門、本堂、庫裏は、安土桃山~江戸初期に建てられたもので、国の重要文化財に指定されている。須原宿、野尻宿では天文観測を行い、須原宿は浅草暦局と緯度がほぼ同じであり、野尻宿は深川の隠宅とほぼ緯度が同じであると測量日記に記している。

妻籠宿は、中山道の宿の姿を最もよく残しており、重要伝統的建造物群保存地区に指定されている。妻籠宿を過ぎ馬籠宿まで測量して木曽の測量は終わった。馬籠宿は、長野県から岐阜県へと行政区域の変更があった。現在は岐阜県中津川市である。馬籠宿は明治・大正の火災により古い町並みは焼失してしまったが、復元され、島崎藤村の生地であることもあり、観光地として賑わっている。

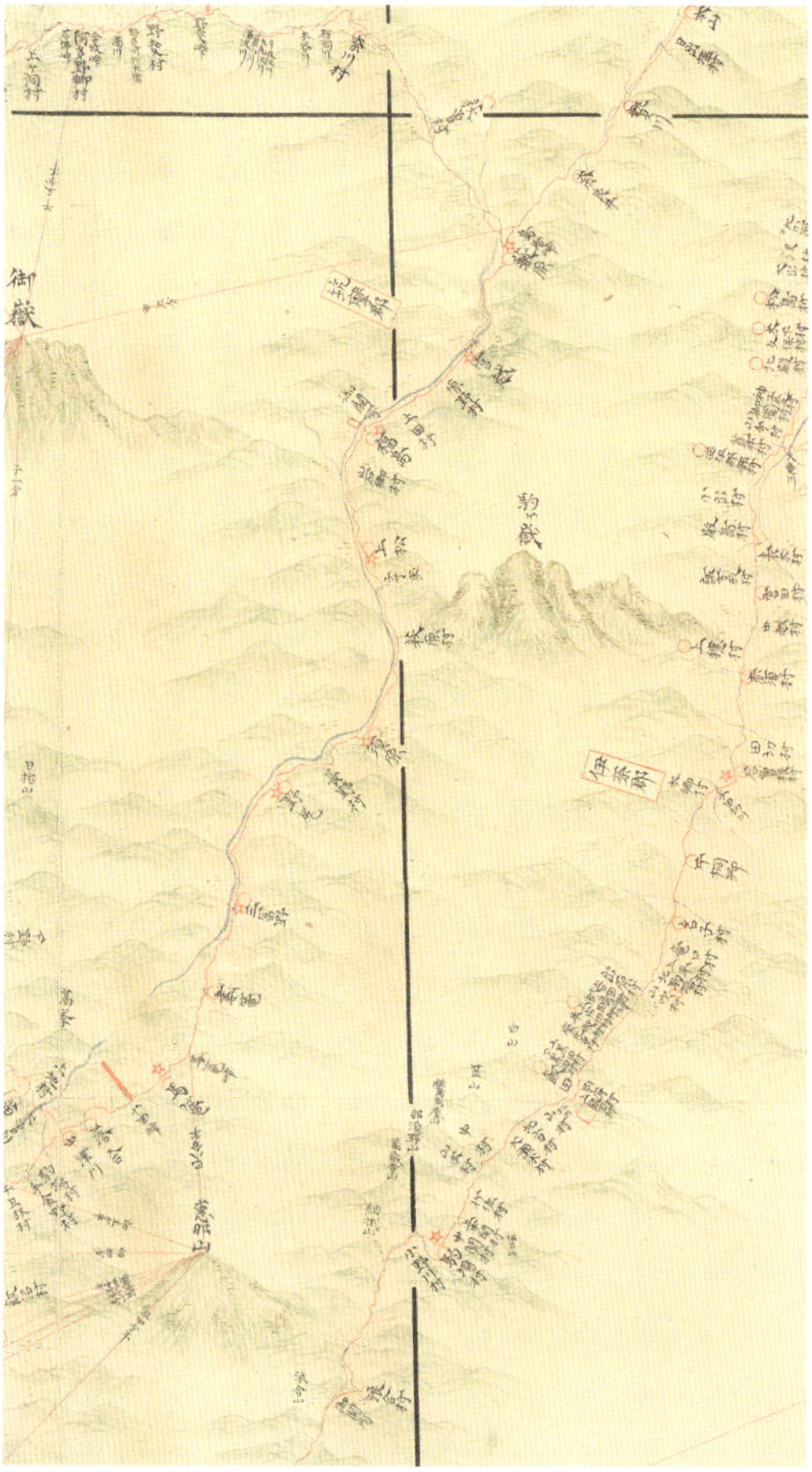

中図第５図木曽（NISSHA株式会社蔵）

木曽妻籠宿写真

34　加賀藩での冷淡な対応に苦慮する

加賀・越中・能登は加賀百万石の前田家とその分家富山藩と大聖寺藩の領地であった。忠敬は、第四次測量では、駿河、遠江、三河、尾張、美濃、近江と測量し、越前から加賀、能登、越中と廻り、越後から佐渡を一周し、三国峠を越えて江戸に戻った。

加越能の測量は、大藩加賀藩を相手にした気を遣い骨の折れる測量であった。一方、加賀藩お抱えの測量家石黒信由と会い、測量を同道して測量談義を行うこともできた。

越前城端の人で、西村太冲と言う麻田剛立の弟子がいた。加賀藩の天文の御用も勤める町医者であったが、忠敬の測量御用のことを聞き、能登一国だけでも手伝いたいと忠敬の師である天文方高橋至時を通じて忠敬に懇請した。高橋至時が、忠敬に宛てた西村太冲の紹介状や、西村太冲の忠敬に宛てた手紙が測量日記に掲載されている。加賀藩は、役人が忠敬と接触することを禁じたので、西村太冲の願いは叶わなかったが、西村太冲は、自分の弟子小原治五右衛門を忠敬の宿所に差し向け挨拶させた。小原は、幕府から加賀藩への回状と加賀藩内の伊能測量に関する文書の写しを持参したので忠敬はこれを写し、測量日記に掲載している。加賀藩内の文書には、幕府からの伊能測量についての達しがあったが、伊能勘解由は、幕府の役人ではなく、測量の便宜は払う必要があるが、重い扱いをする必要はないと言う趣旨のことが書かれており、加賀藩の扱いは冷淡なものであったことがわかる。

加賀藩内では、村役人に村高、人口などを聞いても、領主から指図がないと言い、村名程度しか教えてくれなかったと測量日記に書いている。加賀侯城下金沢と海岸の宮腰の間では、量程車を使用して距離を測っている。間縄で測るのが憚られたのであろう。大図の上でも金澤宮腰間は、直線状の測線のみで、村名などは書か

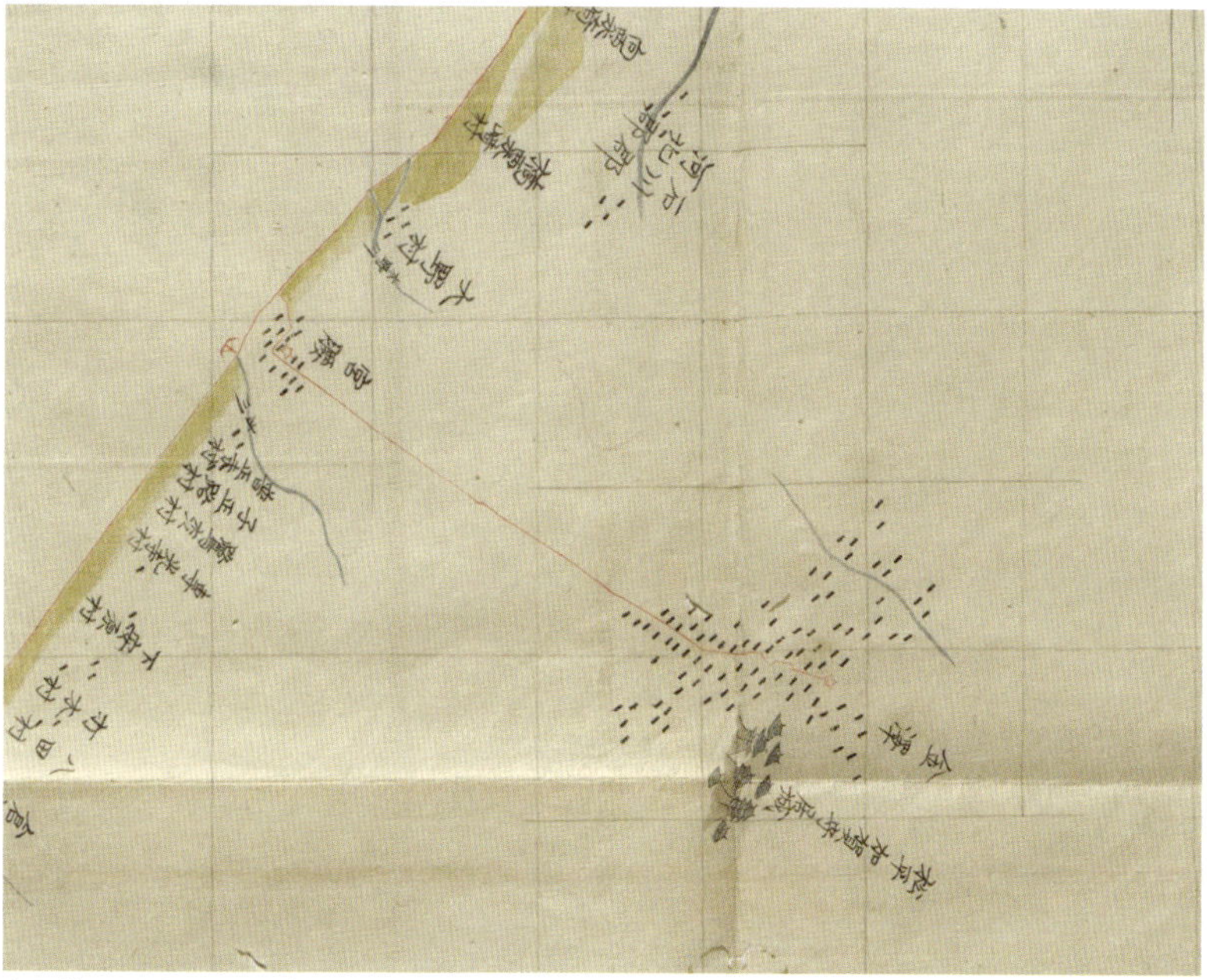

大図第86号金沢周辺（アメリカ議会図書館蔵）

れていない。

石黒信由は、西村太冲の弟子で、測量術に優れ、富山湾の放生津から四方村まで伊能測量に同道した。放生津の宿所に忠敬を訪ね測量器具の見学などもしている。石黒信由は、このことを記録に残しているが、測量日記には石黒信由のことは一切出てこない。おそらく忠敬は、石黒信由の後難を恐れて記述しなかったのであろう。

このように、加賀藩の対応はきわめて冷淡なものであった。加賀藩は大藩であるにもかかわらず、幕末の変動期には埋没した存在となり、大した活躍もなかったのは頷けるような気がする。薩摩藩が大船八艘を手配して忠敬を屋久島に渡したことや長州藩に贈った伊能図副本が残っていることなどと比べると雲泥の差であった。

35　水郷近江八幡で琵琶湖の湖岸を測量する

近江八幡は、近江商人の活躍した古い町並みを残し、琵琶湖に面した水郷としても知られている。古い町並みは、重要伝統的建造物群保存地区に指定され、水郷は、文化的景観として国の指定を受けている。琵琶湖に面した近江八幡の周辺の伊能大図は、かつての景観を想像するになかなか面白い地図である。

近江八幡周辺の伊能大図は、陸軍が模写した図で、彩色まで忠実に写されているとは言い難いが、琵琶湖湖岸の湿地帯をよく表現している。近江八幡付近の湖岸線を見ると、現在西の湖と称される閉じられた大きな入り江があり、古刹長命寺のある半島で西を区切られ、比較的平滑な琵琶湖の湖岸線の中では複雑である。忠敬が率いる測量隊は、第五次測量では湖岸線を舟も使用して測量し、琵琶湖に浮かぶ沖の島や多景島までも渡っている。測量日記には、芦の原や萱場のことも記載されており、湖岸には芦や茅の茂る湿地や草原が広がっていたのであろう。大図に描かれている草色の点描は、このような湿地を表現しているものと思われる。

琵琶湖の湖岸には、現在大部分干拓されているが、小さな池沼が多数存在していた。これらの大小様々な池沼も丹念にその輪郭を測量して地図に描いている。大図には、琵琶湖に注ぐ河川とともにこれらの池沼をつなぐ細かい水路や池沼の中の浮島のような島まで描かれている。幕府に提出された正本では、おそらく琵琶湖湖岸の景観を色彩豊かに表現していたものと想像される。

古刹長命寺には2泊している。長命寺の山上では、天測を行い、弟子に眺望図を描かせてもいる。長命寺止宿の間に八幡町の年寄や彦根藩の役人が挨拶に来ている。止宿先では、このような来客への対応も忠敬にとっては大事な仕事であった。

第五次測量では往きに湖岸を測量し、八幡町から中山道の武佐宿までも測量しているが、帰りには彦根から

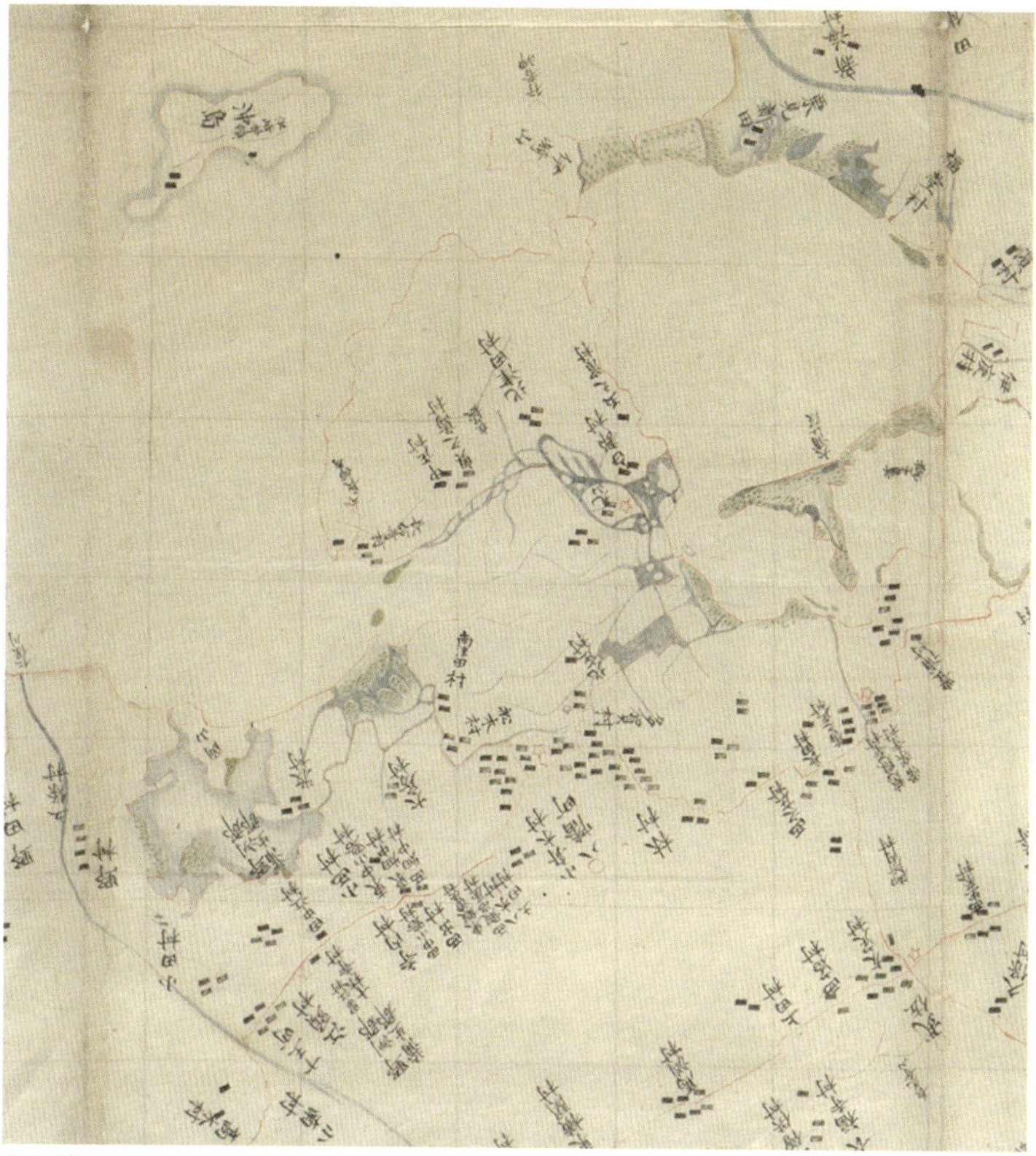

大図第125号近江八幡（アメリカ議会図書館蔵）

長命寺

八幡町を通り、中山道につないでいる。この街道は、測量日記には朝鮮人街道と記されており、朝鮮通信使が通ったのであろう。中山道との追分には測線の分岐点として石を埋めている。それから草津まで行き東海道につないだ。

第七次測量では、中山道を測量し、武佐宿で湖岸線の測量につないでいる。近江八幡の付近は、湖岸線、朝鮮人街道、中山道と測線が複雑に込み入りつながっており、丹念に測量した所でもある。

36　名社古刹のみやこ京都を測量する

京都の伊能大図は、他の伊能図とは若干異なっている。この地図は、明治初期に海軍が模写したものである。海軍は、海図を整備する必要があり、そのため明治政府に提出された伊能家の副本から模写図を作った。陸軍と内務省も国家の地図を作成する必要から伊能図を忠実に模写し、特に内務省が模写した図は、色彩も優れ焼失した伊能大図にきわめて近いと考えられている。しかし、海軍が模写した図は、一部の例外を除き、加工されている。特に山景は、ケバ式の表現となり、伊能図にはなかった国郡の境界線なども加えられている。

今のところ、京都の伊能大図は、この海軍の模写図のみが残されている。改変はあるが、模写は詳細で、京都は内陸であるのに、何故海軍によってこのように詳細な模写図が作成されたのか不思議である。一つは、琵琶湖は、海軍の所掌範囲であったと言うこととやはり京都という特別な都市である所から海軍も詳細に模写したのであろう。因みに、松本・諏訪、福島・郡山、盛岡などの内陸部の伊能大図も海軍は模写している。京都の大図には、地名のほか寺社などが詳細に記載されている。難読の地名も多い。

第五次測量以降の西日本測量では京都を必ず通過した。第五次測量では、神泉苑近くに止宿し、京都市内を測量した。京都町奉行所への届け、御所の拝観など見物も兼ね忙しかったようである。京都三条には、寛政改暦のために幕府が設置した改暦所の跡があり、忠敬もそこで天測を行い、改暦所跡を通る子午線を経度中度即ち経度0°とした。

第六次、第七次測量とも京都伏見を通過しているのみであるが、第八次測量の帰途には、第五次測量の時と同じく神泉苑近くに逗留し、京都市内を詳しく測っている。第八次測量の測量日記は詳細で、忠敬一行が立ち寄り測量した神社仏閣の御朱印高、本尊や祭神の名称、祭礼の日取り、名所や旧跡などが細かく述べられている。測量日記は、測量の回を重ねるごとに記載が詳しくなる傾向にあるが、第八次測量の測量日記は格段に詳しいのが特徴である。京都市内で測量した町名も漏らさず記されている。このように詳細な社寺や地名の記載

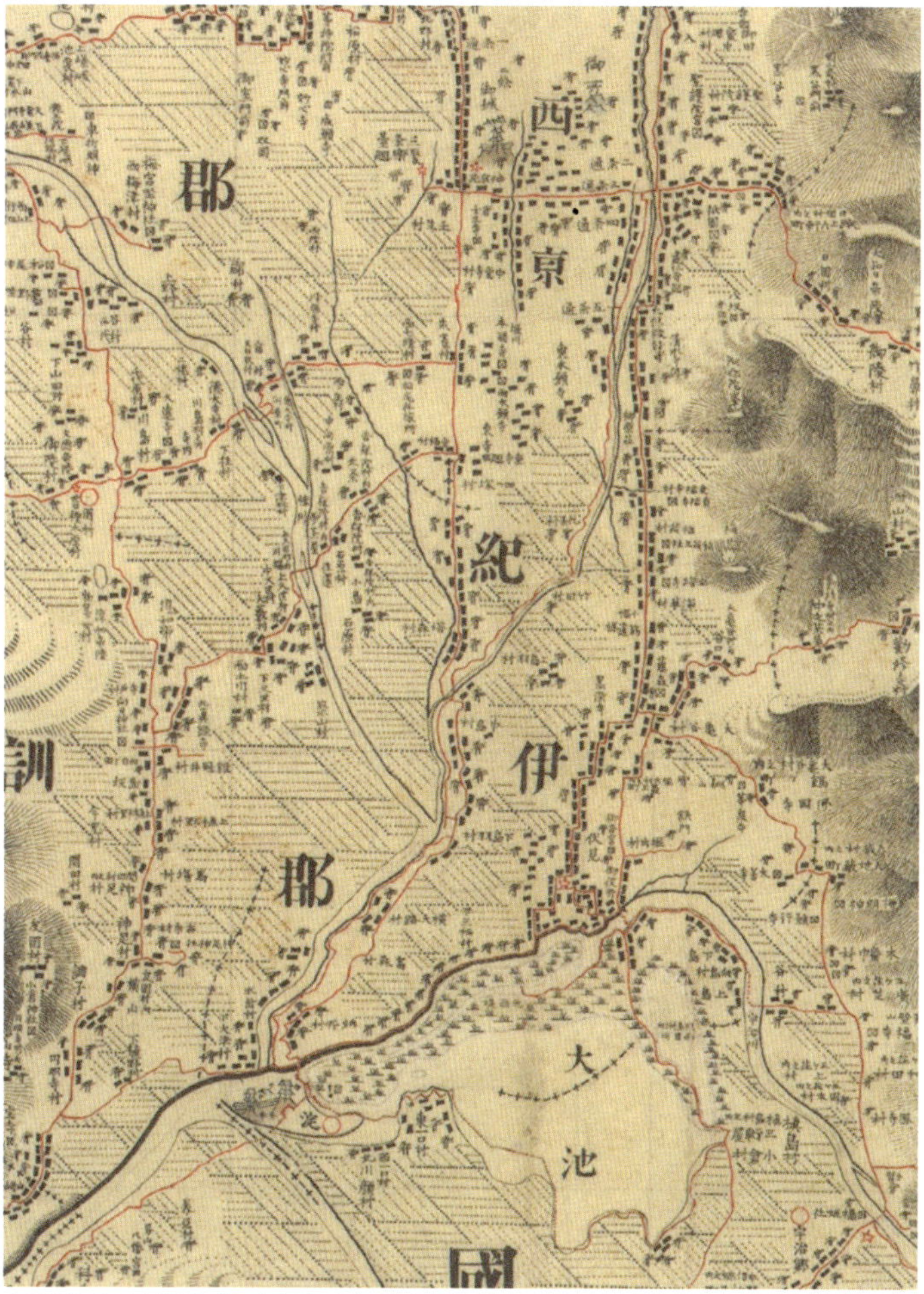

大図第133号京都（海上保安庁海洋情報部蔵）

を見ると、単に忠敬の判断によるものではなく、幕府の指示や要請があったのではないかと思われる。隠密行動とは言えないが、当時公共機関としての性格も持っていた寺社についての情報を幕府が望んだのではないだろうか。

37 南都奈良の大寺を訪れる

四国を測量した第六次測量の帰路、大和路を測量した。文化5（1808）年の11月末から12月の寒い時期だった。このときは、大和路から伊勢へ行き、元旦に伊勢神宮を詣でている。大和路測量では、大和の神社仏閣の門前社前まで測量して回っている。大坂を出立して信貴山朝護孫子寺、竜田大明神、達磨寺に寄り、當麻寺まで測量した。信貴山には長い測線の分岐が見られる。當麻寺も測線はそこが終点で他の測線とは連結せず、當麻村に一泊し、翌日は王寺村まで無測量で戻っている。このような行き放しの測線は、連結され網となっている測線に比較すると、測量の精度は悪い。日本の海岸線の形を明らかにする地図作成の目的に照らしても、社寺への測量は意味があるとは言えない。それにもかかわらず社寺へ測線を延ばしたのは、神社仏閣の位置を地図上で明らかにすることに意味があったに違いない。京都の測量でも述べたように、江戸時代において社寺は、公共機関でもあった。

當麻寺は御朱印300石、6町四方と言うから約650m四方の境内をもった大寺であった。當麻寺から元来た道を戻り、竜田村から法隆寺の門前まで測り、法隆寺村に止宿した。法隆寺に参詣し、諸堂、霊宝を拝観した。測量日記に諸堂拝観の時間などについては触れていないが、當麻寺から法隆寺までは10㎞程で、日の短い季節でもあり、法隆寺の拝観に半日程度も取れなかったであろう。測量日記には、別紙に伽藍宝物の一覧を記すと書かれており、寺院の調査でもあったことを示している。因みに、他の大寺についても縁起・宝物等について別記一覧と記している。法隆寺は御朱印1、000石であった。法隆寺から法輪寺、法起寺と廻り、片桐且元の子孫が治める陣屋のある小泉で止宿し、矢田山金剛山寺、薬師寺、唐招提寺、西大寺、秋篠寺を巡って南都奈良に着いた。法隆寺、法輪寺、法起寺の塔が大図には描かれている。

奈良に着くと奈良奉行所に出向き、南都測量について打ち合わせている。春日大社、興福寺、東大寺を測量して廻り、春日大社には袴を着け威儀を正して参拝している。その後、東大寺と興福寺の諸堂を巡って測量した。東大寺は、現在の姿と余り異なっていないが、興福寺は、明治以降廃仏毀釈などにより随分と変わってしまった。奈良での止宿先には、暦師が酒樽や干菓子をもって挨拶に来ている。地方の暦学者にも伊能忠敬の名前は鳴り響いていたのであろう。

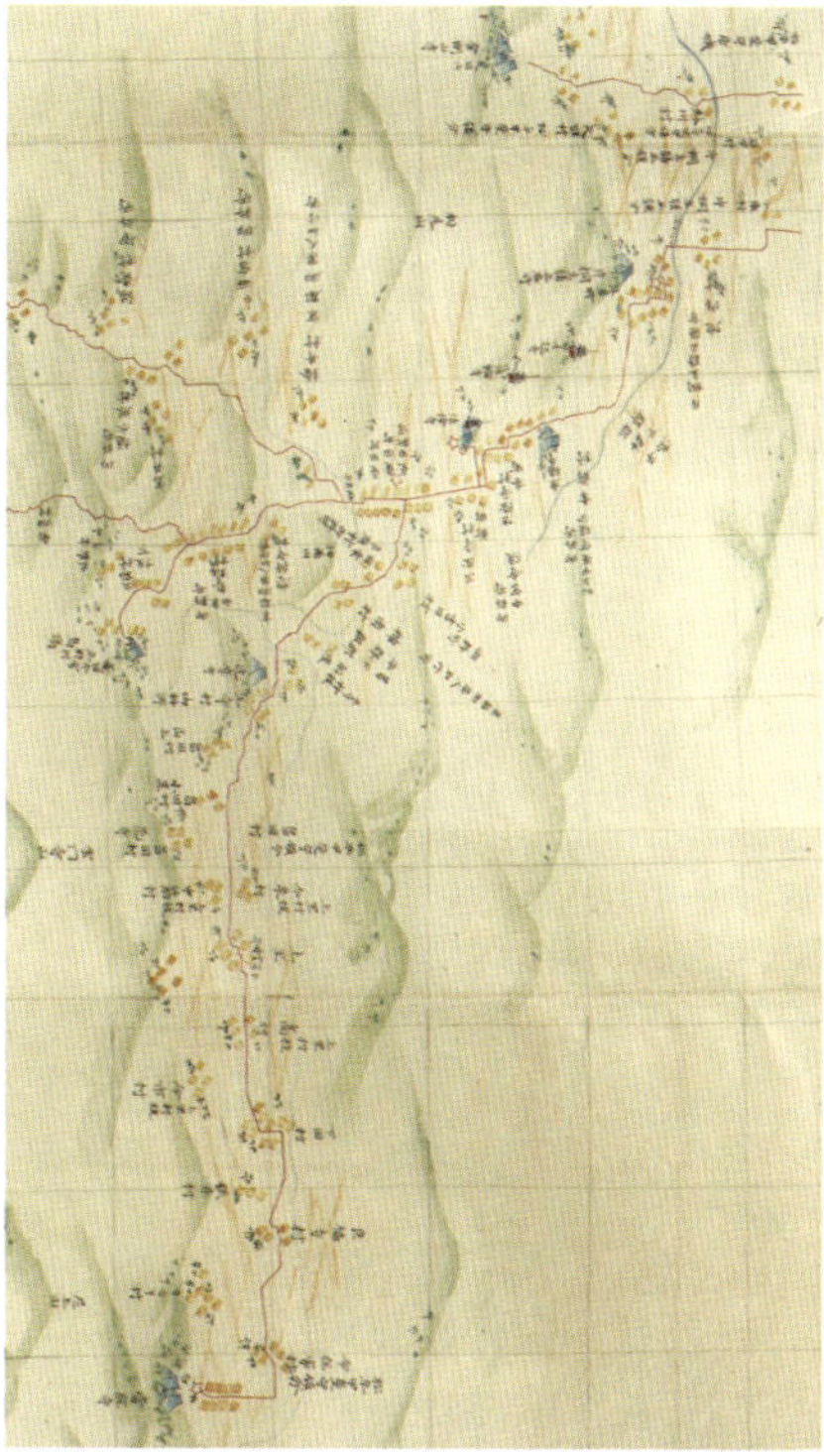

大図第135号法隆寺・当麻寺（アメリカ議会図書館蔵）

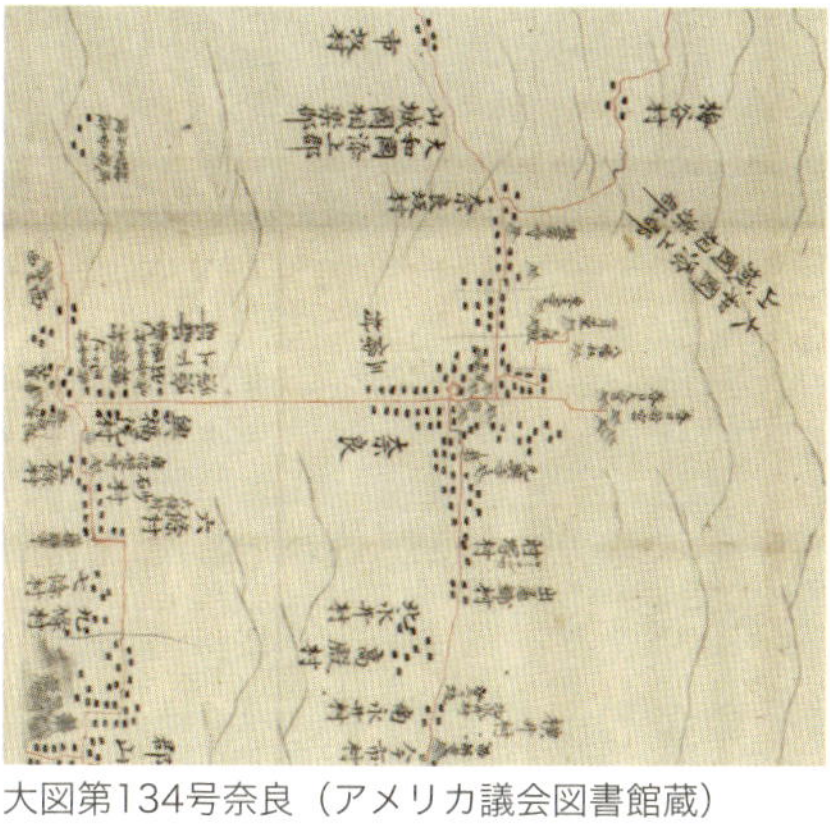

大図第134号奈良（アメリカ議会図書館蔵）

38　大坂で麻田門下の人々と交流する

伊能測量隊は、第五次測量で紀州を測量した後、第六次四国測量の往路・帰路、都合3回大坂に寄っている。大坂には忠敬の師高橋至時と並んで麻田剛立《あさだごうりゅう》門下の秀才と言われた間重富《はざましげとみ》がいた。第四次測量終了後、高橋至時が死去し、長男の景保が天文方を継いだが、若年であったため、その補佐をするべく間重富は江戸に滞在していた。忠敬が大阪に到着すると毎日のように重富の長男重新《しげよし》が見舞いに来た。忠敬達も間家に出かけている。間重富は、大きな質屋を経営し、蔵が11棟あったので十一楼主人とも称されていた。のちに15棟に増えたので十五楼主人と言われるようになった。間家には天文観測の施設があり、忠敬達もそこで観測を行っている。長男の重新も天文観測に優れていた。忠敬と言い、重富と言い、その経済力が大事業を成功させた一因であると言ってよいだろう。

麻田剛立は、豊後杵築藩の藩医で天文学の第一人者であった。脱藩して大坂で塾を開き、多くの天文学者を育てた。忠敬は、麻田剛立の孫弟子に当たる。麻田剛立は、既に故人となっており、忠敬が直接指導を受けたことはないが、その甥で養子となった麻田立達《りゅうたつ》は、天文学を学び、忠敬在坂中には、見舞いに訪れ、また、忠敬も立達を訪れており、麻田剛立の墓にも詣でている。

大坂に到着すると町奉行所に届けを出し、淀川河口を測量した。大坂では、市内の詳細な測量は行われていない。「測量日記」を読むと、第五次測量、第六次測量を通して大坂での滞在は長いが、来客や各所への訪問が多く、測量を行っているのは数日である。足立左内、阿波藩士関権治郎及び樋冨菊郎、奉行所地図師大岡藤二などの名前が測量日記には出てくる。足立左内は麻田剛立の弟子で、のちに天文方になった。関権治郎と樋冨菊郎は、第六次四国測量における阿波藩の測量の打ち合わせを行ったのであろう。奉行所に地図師と言われ

大図第135号大坂（アメリカ議会図書館蔵）

る役職があったことがわかる。土地にかかわる訴訟などでは地図の作成が必要であった。

第五次測量から幕府直轄の測量となったため、忠敬の弟子のほか、天文方から高橋至時の次男高橋善助、、天文方下役の市野金助、同じく坂部貞兵衛が参加した。しかし、市野金助は、他の隊員と折り合いが悪く、このとき大坂から江戸へ戻っている。坂部貞兵衛は、その後も忠敬の片腕となり、副隊長格として全国測量に貢献したが、第八次測量の途中、九州五島で病死した。忠敬の次男秀蔵は、第一次測量から全国測量に従事してきたが、第六次測量のとき病気のため大坂から佐原へ戻った。秀蔵にもいろいろ問題があった。

間重富肖像（大阪歴史博物館蔵）

39　南紀熊野の霊地と海岸を測量する

第五次測量において、鳥羽侯稲垣信濃守の伊能測量隊に対する丁寧な対応ぶりについて述べたが、丁寧な扱いは、警戒心と裏腹な関係でもあっただろう。伊能測量隊一行は、鳥羽をあとにして南紀の海岸測量に向かった。文化２（１８０５）年の６～７月（旧暦）の暑い時期であった。

南紀の海岸は、志摩半島からリアス海岸が続き、出入りのある海岸線の半島部は太平洋に面し、海蝕崖が発達して断崖絶壁となっているところも多い。測量は、手分けして行われたが、１日の進み具合もはかばかしくなく、木本（熊野市）までの測量には困難が伴い難儀したことが測量日記から窺われる。伊能大図を見ると、リアス海岸の岬の先端までには測量が至らず途切れた測線が多数見られる。このようなところは、船からの遠測・略測により海岸線の状況を調べ地図に描いている。

ところが、木本から新宮までは、砂浜海岸で平滑な海岸線を呈している。測量は順調で木本から新宮まで１日で測進した。新宮では、熊野新宮（熊野速玉大社）鳥居前まで測量し参詣する。那智熊野権現（那智熊野大社）鳥居前までも測量し、さらに熊野権現観世音（青岸渡寺）まで測った。神仏習合の時代である。神まで測れば仏も測らねば片手落ちである。那智滝（図中矢印）を遠測してその位置を確かめた。伊能大図には、熊野新宮、熊野権現、那智滝が絵画的に描かれており、熊野権現参道の松並木も描かれている。

新宮から太地浦へ向かい、太地浦には３日間逗留した。測量日記には、太地浦では捕鯨を業とすると記している。周知のことだが、太地では古くから捕鯨が盛んであった。太地浦では、３日間雨にたたられ、巽風が吹いたと記される。巽は南東の方角である。時期から見て台風かとも考えられるが、晴れ間もあったようである。測量日記によれば、こののちもあまり天気には恵まれず、巽風や東風がたびたび吹いた。低気圧や前線が停滞

大図第132号新宮・那智（アメリカ議会図書館蔵）

して不順な夏だったのではないかと思われる。

串本では、潮岬まで測り、大島にも渡ったが、大島では島を縦横断したのみで海岸線は船から遠測した。測量日記には、橋杭岩を測ったと記されており、大図に橋杭岩が描かれている。この間測量は二班に手分けして行われ、海岸線を通行できないところでは船からの遠測を行い、山越えの横切り測量も行っていった。病人も続出し、困難な測量であった。

熊野那智大社写真

40 人名の島塩飽諸島を隈無く測る

瀬戸内海の東部、岡山県と香川県本土に挟まれた塩飽諸島は、江戸時代には、廻船業で栄え、江戸後期になって廻船業の権利を大坂に奪われると、船大工の技術を生かし、瀬戸内各地の寺院建築などを請け負い、塩飽大工として知られた。塩飽諸島には、「人名《にんみょう》」制と呼ばれる自治の制度があり、「人名」は、代々世襲の村の年寄で、勤番所を設けて政務を取り仕切っていた。塩飽本島の笠島は、塩飽水軍や塩飽廻船の港町として重要伝統的建造物群保存地区に指定されている。

塩飽諸島の中心地本島に伊能測量隊が到着したのは、文化５（１８０８）年9月23日のことである。四国讃岐の丸亀城下から船に乗り、塩飽本島の泊浦に着船した。塩飽諸島は、大小28の島から成ると言われているが、そのうちの塩飽七島が大きい。塩飽七島は、本島《ほんじま》、牛島、広島、手島、櫃石島《ヒツイシ》、与島、高見島の7つの島であるが、これらの島はもちろん、佐柳島、小島、小手島、岩黒島、羽佐島、小与島、室木島と言った小さな島まで上陸し一周して測量している。さらに大きな島に附属したこれら以外の島も遠測したと測量日記には記されており、半円方位盤を用いて交会法によりその位置を求めたのであろう。

これらの測量にあたっては、測量隊を二班に分け、島を時計回りと反時計回りの二方向から測量し出会うようにしている。島を半分ずつ測量して出会ったところで誤差を調整するのであろう。二つの班は、赤組、白組と測量日記には記されている。班に分ける場合は、先手・後手と分けられ、先手は後手先を測量し、後手が先手の測量開始点につなげるのが普通であるが、島の場合は、同時に出発して出会う形で双方の測線をつなげるのでこのような呼び方をしたのであろう。測量の形態によって手分けの呼び方も変えるところに忠敬の几帳面で理屈っぽい性格がでているのではなかろうか。

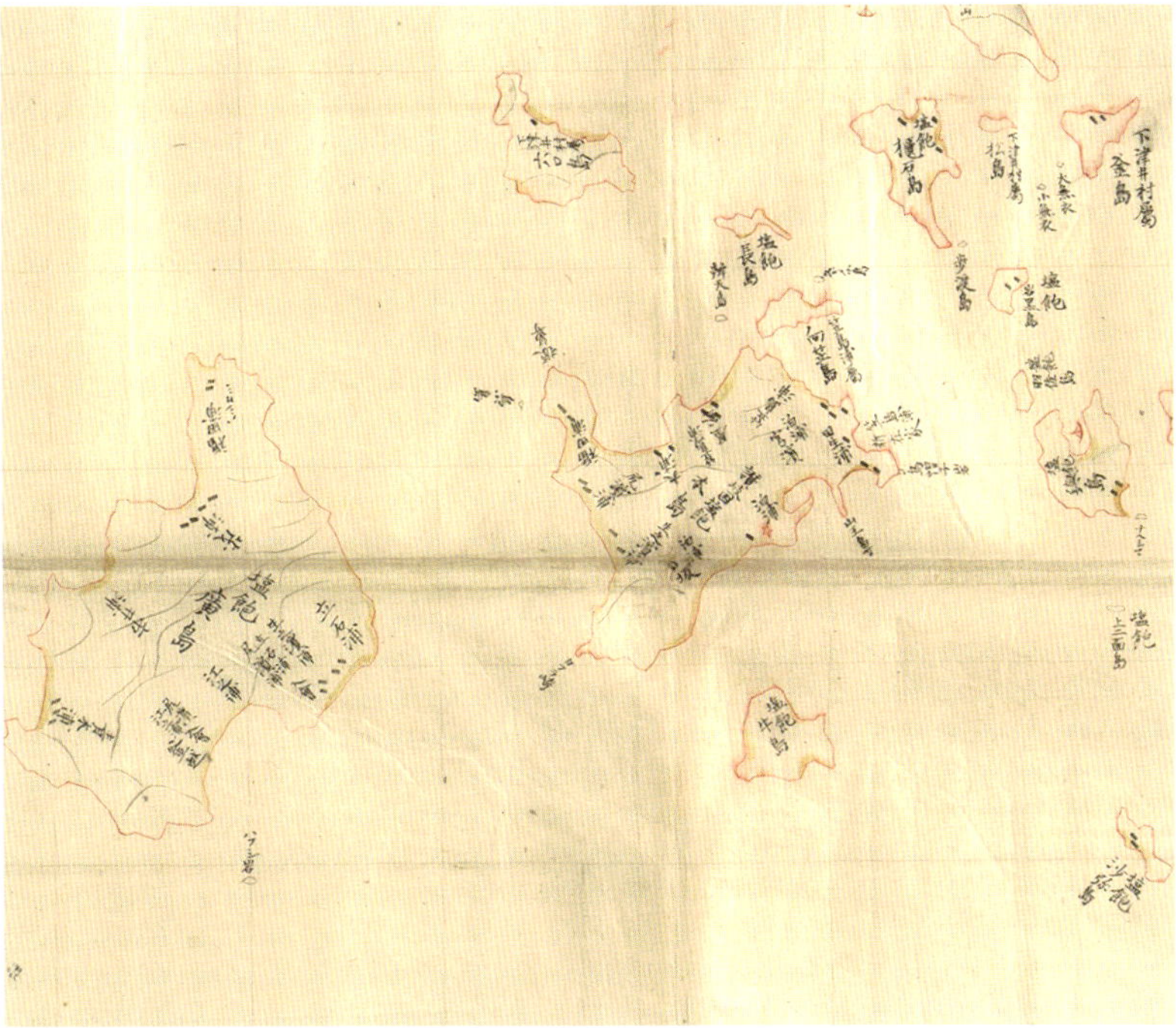

大図第151号塩飽諸島（アメリカ議会図書館蔵）

塩飽諸島の測量は10月2日まで行ったが、佐柳島と手島に一泊ずつしたほかは、本島の泊浦に止宿して各島を測った。忠敬は、一部の現地測量は天文方下役や弟子に任せ、下図の調製や日食観測の準備を行っている。10月1日の日食は、天候は良く観測することができた。

「人名」は、測量日記では年寄・庄屋と記されていて、各島や浦の庄屋の名が測量日記には列挙されている。また、豊臣秀吉、徳川家康・秀忠から受けた朱印状も測量日記の中に写して記録している。塩飽諸島独特の制度ゆえ記録にとどめるべきと思ったのであろう。

人名墓

41　若狭のリアス海岸を測量する

第五次測量の文化3（1806）年9月、伊能測量隊は、丹後から若狭湾沿岸の測量を行った。丹後半島を廻って宮津城下までやってきた忠敬一行は、途中天橋立を測量した。忠敬は、天橋立を通り宮津城下までの測量を隊員達に任せ、成相寺と切渡文殊（久世渡文殊とも言う・図中矢印）に参詣している。もちろんその門前まで測線が延びており、単に参詣しただけではないことがわかる。成相寺の本堂は古いままだが、坊舎は前年の山崩れで大破して仮の建物であるなどと測量日記に記している。

若狭湾は、リアス海岸として知られている。海岸線が入り組み、断崖も発達し、容易に測量できないところもあった。そのためか船をよく使っている。また、半島部の付け根では山越えをして横切測量を行い、精度の確保に腐心している。このような測量を3隊に分けて行っているが、天文方下役の坂部貞兵衛、同じく下河辺政五郎、天文方高橋景保の弟善助の三人に支隊を任せ、忠敬自身は次の宿泊地に直行している。

丹後半島を廻り、宮津から田辺、高浜、小浜と若狭湾岸を測進して敦賀まで行き、琵琶湖の方面に向かった。宮津、田辺（西舞鶴）と小浜は、それぞれ松平伯耆守、牧野豊前守、酒井靭屓佐の城下であった。これらの城下では数日逗留し、宮津では周辺測量のほか太陽の観測を行っている。宮津では、田辺の牧野豊前守代官が挨拶に出てくる。この代官は、田辺領内では止宿先々に顔を出した。測量日記には、「止宿村々詰居るよし成り」と記している。また、天文方暦局からの用状が久美浜代官所から箱入りにして村々を継送されて届いたとも記され、至極丁重に扱われていることが窺い知れる。それぞれの城下では、町奉行も挨拶に出たほどである。

高浜町に残る古文書には、伊能測量隊に関する記録があり、そこには、「天文者ト云楚久里也宇トモ云」、「天文者八井上勘解由ト云人也」などと書かれており、測量が如何なるものであるか十分に理解していないことや

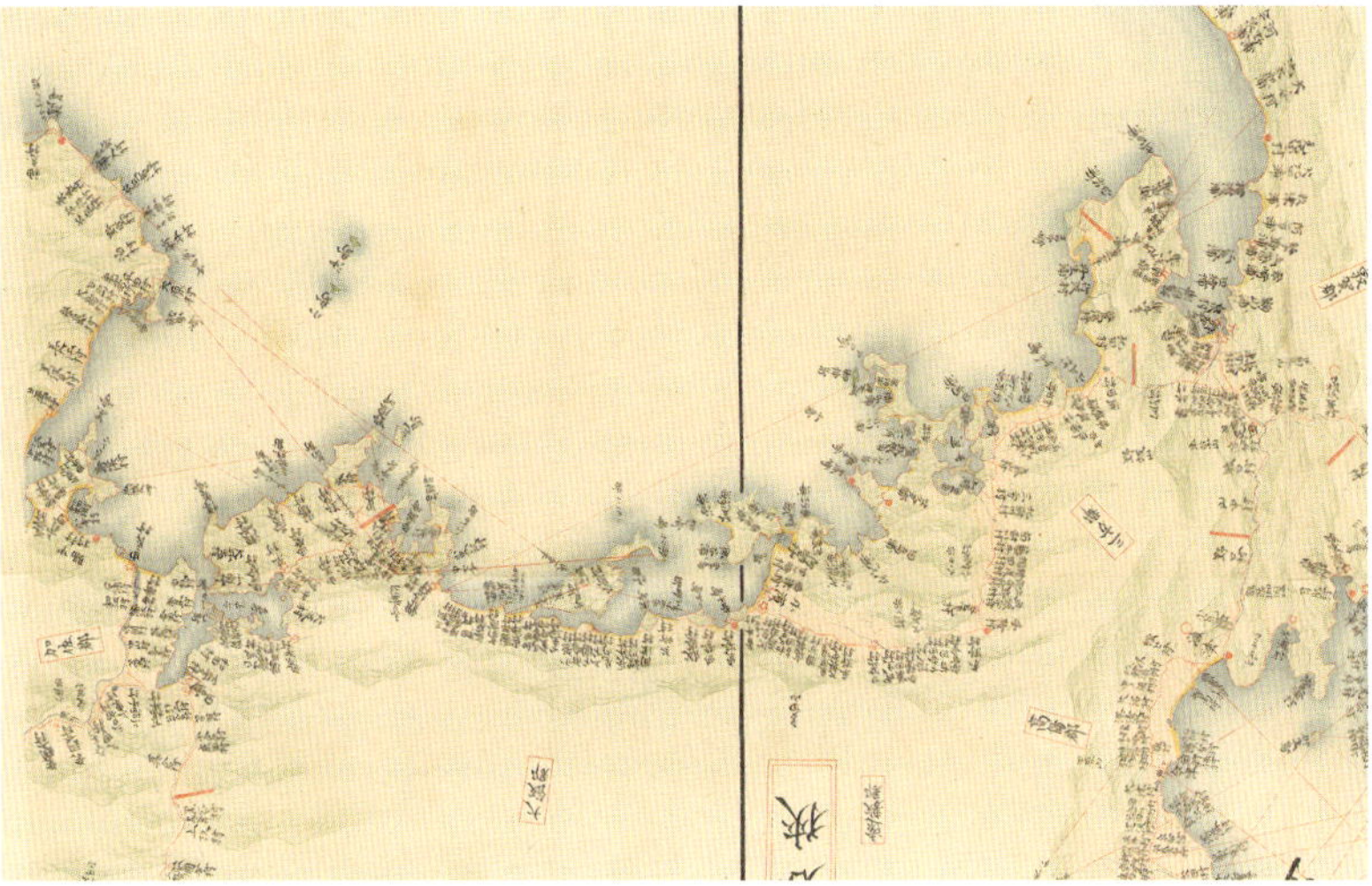

中図第５図若狭湾（NISSHA株式会社蔵）

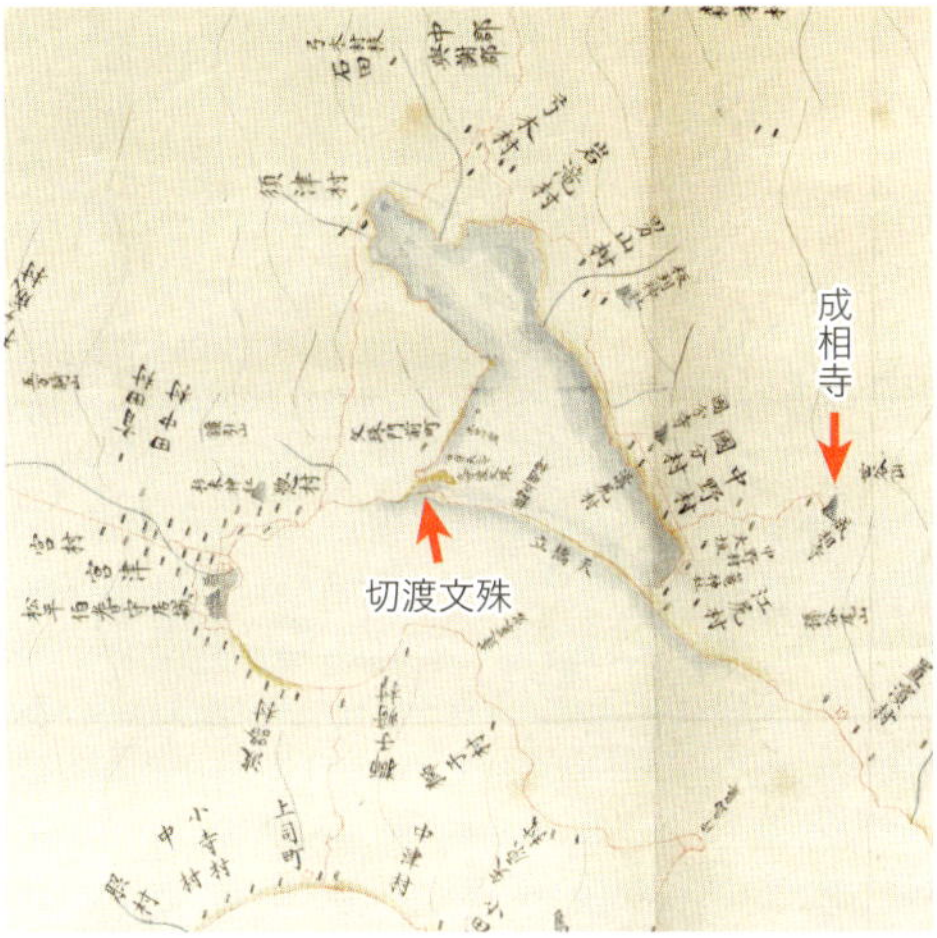

大図第123号天橋立（アメリカ議会図書館蔵）

忠敬の苗字も間違えて伝えられていることが窺われて、現地での対応の困惑ぶりが手に取るようにわかり、苦笑を禁じ得ない。「国主之饗応八御巡検格也」とも記されており、将軍の代替わりの時に諸国を巡検する幕府高官並みの待遇を受けていたことがわかる。また、「国々ニ而山海之図ヲ拵差出ス」との記述もあり、各地で村絵図など地元で作成した地図の提出を求めていた。（古文書の引用は、「高浜町誌」による。）

42　播磨の名刹を地図に描く

播磨の中心は姫路である。姫路には、第五次測量往路、第七次測量往復、第八次測量往復と都合5回も立ち寄っている。第五次測量では、明石から瀬戸内海の海岸線を測量して姫路に達している。海岸の途中にはいわれのある名所の松が多い。忠敬は、古木の名所にも関心があったようで、測量日記には「手枕の松」や「尾上の松」などのことを書いている。加古川河口の高砂町に2泊した。この間に石宝殿に行き山上から近隣の山や村々の方角を測っている。また、曽根天満宮にも参詣した。

忠敬は、隠居する前年の寛政5（1793）年に関西旅行を行い、播磨を遊覧してこの天満宮を訪れた。そのときに見た菅公手植えと伝わる古松が枯れてしまっているのを見て、日本一の古松と感じ入っていたのに誠に残念であると測量日記に記している。「曽根の松」は寛政10年に枯死し、現在の松は5代目だそうである。よほど残念だったと見え、第七次測量の往路でも測量日記に寛政10年枯死と記している。高砂から現在では姫路の外港となっている飾磨津を経由して姫路に向かった。

姫路周辺の測量は第七次測量で行われた。山陽道を測量してきた一行は、姫路城下に宿泊し城下を測量した。大図を見ると、姫路城が描かれているが、壮麗な国宝姫路城は描かれていない。他の城と比べてもその描き方は簡素である。明治以降に多くの城が焼失してしまったが、当時は、名だたる名城が各地に存在していた。姫路城もそのひとつであり、飛び抜けた大藩というわけでもないので、現代の我々が思うような姫路城の評価ではなかっただろう。測量日記にも姫路城についての特別な記載はない。姫路周辺では、多くの寺社を参詣し、門前・社前まで測量し、地図にも書き込んでいる。

第七次測量では、往路に石宝殿から曽根八幡宮まで測量し、斑鳩寺に参詣し、復路に書写山円教寺、増井山

大図第141号姫路周辺（アメリカ議会図書館蔵）

随願寺まで測線を延ばしている。測量日記によれば、円教寺は８３３石余、随願寺は２７９石余の御朱印を与えられ、それぞれ寺院30坊、寺院15坊があったとされている。両寺とも姫路の市街背後の山中にあり、重要文化財の堂宇を残す大寺である。このほか、国宝の三重塔がある法華山一乗寺（図中矢印）にも立ち寄り、三重塔が大図にも描かれている。聖徳太子建立と伝えられる斑鳩寺にも重要文化財の三重塔があるが、これも同じように大図に描かれている。寺院には伽藍の大きさを示すように多数の甍が描かれている。

一乗寺三重塔

43　干拓の進む児島半島を測量する

第一次から第四次までの東日本測量を終え、その成果は、幕府にも高く評価された。忠敬は、幕臣に取り立てられ、西日本測量は、幕府直轄事業として実施されることになった。第五次測量は、文化２（１８０５）年に始まり、東海道を測量し、紀伊半島と中国地方の海岸線の測量を２年にわたって行った。このとき越年したのは岡山城下である。

11月１日に播州赤穂城下を出立した伊能測量隊は、岡山まで瀬戸内の海岸線を測量していった。日生、牛窓、西大寺などを通過し、倉敷の近くで児島半島を横断した後、児島半島を一周し、岡山城下には、12月１日に到着した。途中沿岸の島々にも渡り、小さな島まで測量している。島の測量にかける執念には脱帽せざるを得ない。

児島半島一周の間に、田之口村（旧児島市市街地に隣接）の瑜伽山蓮台寺には、一日の測量作業終了後参詣していることが日記に記されている。（掲載図の西隣の）大図に描かれているが、門前までの測量は行っていない。瑜伽山は、瑜伽権現を祀る神仏習合の寺院で金比羅参りの後に立ち寄って参拝する習わしであった。

児島半島は、倉敷の側から反時計回りに測量して行った。測量隊は手分けし、坦々と測量して12月１日岡山城下に入り、１月17日まで逗留した。岡山滞在中は、象限儀を設置し、太陽の南中を測ったり、夜間に恒星の観測を行った。また、測量のデータから下図の作成も行った。正月の２日から太陽の観測を行っている。また、金山（妙見宮のある標高６００m足らずの山）に登り伯耆大山の方位角も測っている。17日には、測器を磨いて手入れして荷物をまとめ、18日に出立して倉敷の方へ向かった。倉敷は、当時天領で現在も江戸の商家町を残し、古い町並みとして有名であり、重要伝統的建造物群保存地区に指定されているが、測量日記には倉敷村の入り口に代官の手代が迎えに出たとあるのみで、宿泊もしていない。

児島湾は、児島半島に抱えられた大きな湾であったが、現在は少しの湾入を残すのみである。伊能大図を見ると、干拓のために締め切った堤防の上を測量隊は通っており、九番村、外七番村、沖新田一番、三番、四番など番号を振られた地名も見られ、干拓事業が営々と続けられ、新田が開発されていったことがわかる。

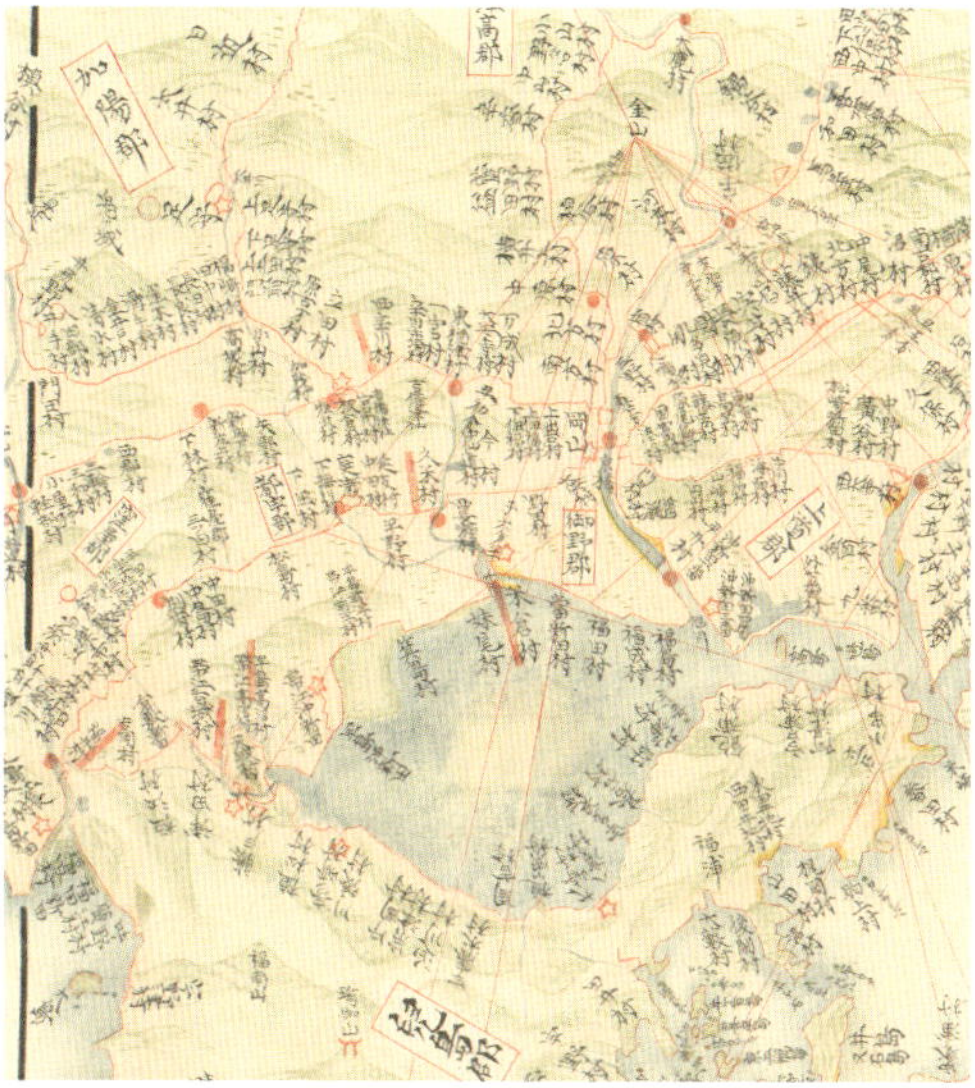
中図第６図児島湾（NISSHA株式会社蔵）

大図第145号岡山周辺（国立歴史民俗博物館蔵）

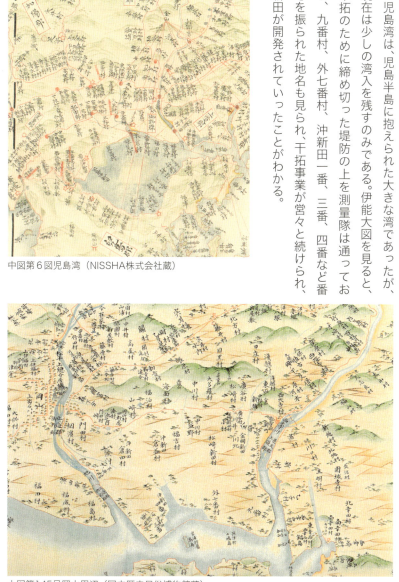

44　中国山地を測量して津山に至る

第八次測量の帰途、山陰を米子まで進んだ後、忠敬の本隊と坂部貞兵衛亡きあと副隊長格となった永井要助率いる支隊とに分かれ、永井隊は、山越えして津山へ向かい、忠敬達は、鳥取を経由して津山で支隊と合流した。永井隊は、現在の鳥取県日野町根雨から四十曲峠を越して美作国に入り、津山に到着するまで、中国山地の中の街道を縫うように測量している。中国山地は準平原と言われるなだらかな山並みを深い谷が刻んでおり、上り下りの激しい測量であっただろう。大図に見る細かく折れ曲がる測線にその苦労を窺うことができる。

中国山地は、石灰岩の洞窟の多いことで知られている。永井隊も井戸鍾乳穴神社と比賣坂鍾乳穴《ひめさかかなちあな》神社（図中矢印）まで測量し、大図に記している。井戸鍾乳穴は、現在は備中鍾乳洞と呼ばれ公開されている。測量日記には、鍾乳洞の入り口まで測量し、中をかがり火で見たと書かれている。洞中の名所に四重塔というものが測量日記に記されているが、鍾乳洞のホームページを見ると、五重塔となっている。比賣坂鍾乳穴神社については、測量日記にその社前まで測量したことが記され、大図にも測線が延び社殿の甍が描かれているが、比賣坂鍾乳穴についての記述はない。現在は、秘坂鍾乳穴（日咩坂鍾乳穴《ひめさかかなちあな》）と呼ばれ、入洞には教育委員会の許可がいる。

永井隊は、美作三湯のひとつ湯原温泉の湯壺を確認し、大図にも温泉と記載している。湯原の下流仲間村字湯真賀には3つ湯壺があると測量日記に書いている。現在も地形図を見ると真賀という集落があり、温泉の記号が描かれている。湯原温泉は、湯本村と大図には記され、測量日記には、湯壺が4つあり、春夏秋には湯治の人たちが集まり三味線の音が絶えないと記している。近郷の人たちの静養娯楽の場であったのであろう。

永井隊も社寺の測量を怠りなく行い、式内社や名刹を測量日記にも記し、大図にも描いている。社寺の調査と地図への描示は、伊能測量隊の目的でもあった。津山に近づくと、院庄村では、後醍醐天皇の旧跡を訪れ、測

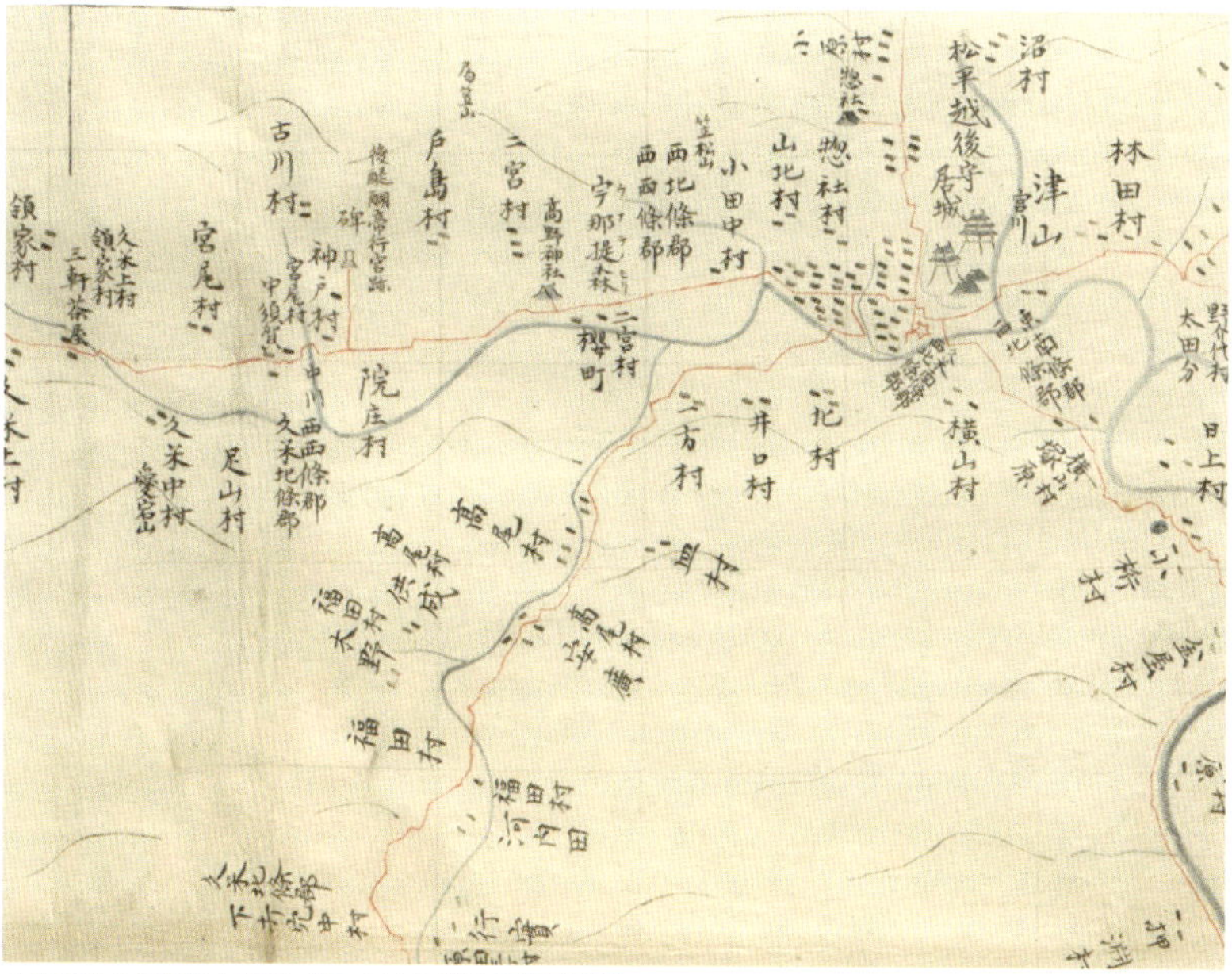

大図第144号津山周辺（アメリカ議会図書館蔵）

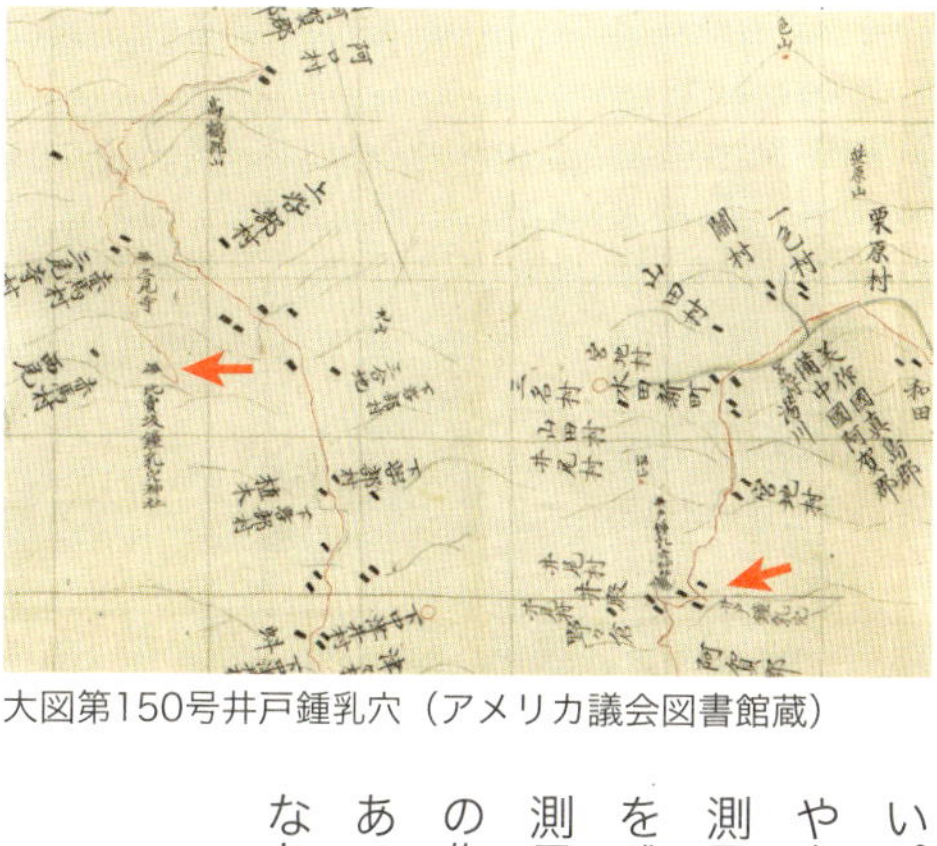
大図第150号井戸鍾乳穴（アメリカ議会図書館蔵）

線をそこまで延ばしている。また、忠臣児島高徳の碑も測量している。児島高徳の碑文を写し取り測量日記にも記している。このような碑文を写すことは、他の地域でも行っており、忠敬の趣味で記録にとどめたのか、伊能測量の方針として行ったのかよくわからないが、私は、後者のような気がしてならない。神社仏閣や名所旧跡も測量して記録を残すという測量隊としての作業方針があったのではなかろうか。

45　米子での鳥取藩の堅い対応

第五次測量のとき、持病の瘧《おこり》（マラリア熱）を発症し、松江で逗留した忠敬は、文化３（１８０６）年８月７日松江を出立した。しかし、体調は万全でなく、次の止宿先に直行し、測量作業には参加していない。８日には米子に到着した。米子は鳥取藩の持城があり、家老が預かっていた。

安来から３班に分かれて米子城の山際の祇園社の前まで来たが、それから先は城郭堀通りなので藩に伺った上で案内すると鳥取藩の役人に言われ、止宿に引き取った。止宿には、鳥取藩の郷方役人が２名挨拶に訪れる。藩の役人に、藩領の概略の案内図、村高や家数、神社仏閣の一覧などの資料を求めるが、鳥取の藩庁に問い合わせた結果、書面をもっては提出しかねるとの返事である。但し、村名、家数、神社仏閣については、覚書を提出したいという。案内図については、藩庁から提出しないと言われているので出せないと回答がある。

さらに、米子の寺社町奉行の下役がやってきて、城際の中海湖岸測量のことを相談する。下役は、米子の城は鳥取藩家老荒尾近江の預かりで、城の石垣の上の測量は都合が悪いという。測量隊の副隊長格の坂部貞兵衛がこれまで各地の海岸、城の周囲などを滞りなく測量してきたことを説明する。忠敬もこの下役に会い、おそらく幕府御用の測量であることを言い聞かせたのであろう。下役は奉行所の上役に掛け合ったが、大いに時間を要したと測量日記には記述がある。

米子城は、中海の湖岸に面して１００ｍばかりの山上にあった。湖岸に聳える米子城の周囲を測量されることは歓迎されなかったのであろう。伊能大図を見ると、湖岸の測線は、米子城の東側に明瞭に引かれており、面倒な折衝を要したが、測量することはできたようである。測量日記には、折衝の結果について明確に書いていないが、村名などの資料は、いくつかの区間に分けて書き付けが提出されたようで、提出した氏名とともに記載されている。弓ヶ浜半島の境港では、郷方役人から口上で村高の報告を受けている。

米子から鳥取まで淡々と海岸線の測量を行い、鳥取城下に入ると、やはり郷方役人が来て藩主から測量隊全員に金子の贈り物があった。これに対し、忠敬は御用先であるからと言って断わり、上司に伺った上受納したいのでそれまで預かって送っていただきたいと言っている。現代と異なる贈答の習慣だが、鳥取藩のような外様大名は、幕府御用の測量に警戒し、一方では資料提出を渋り、一方では接遇に気を遣ったことを示していて興味深い。

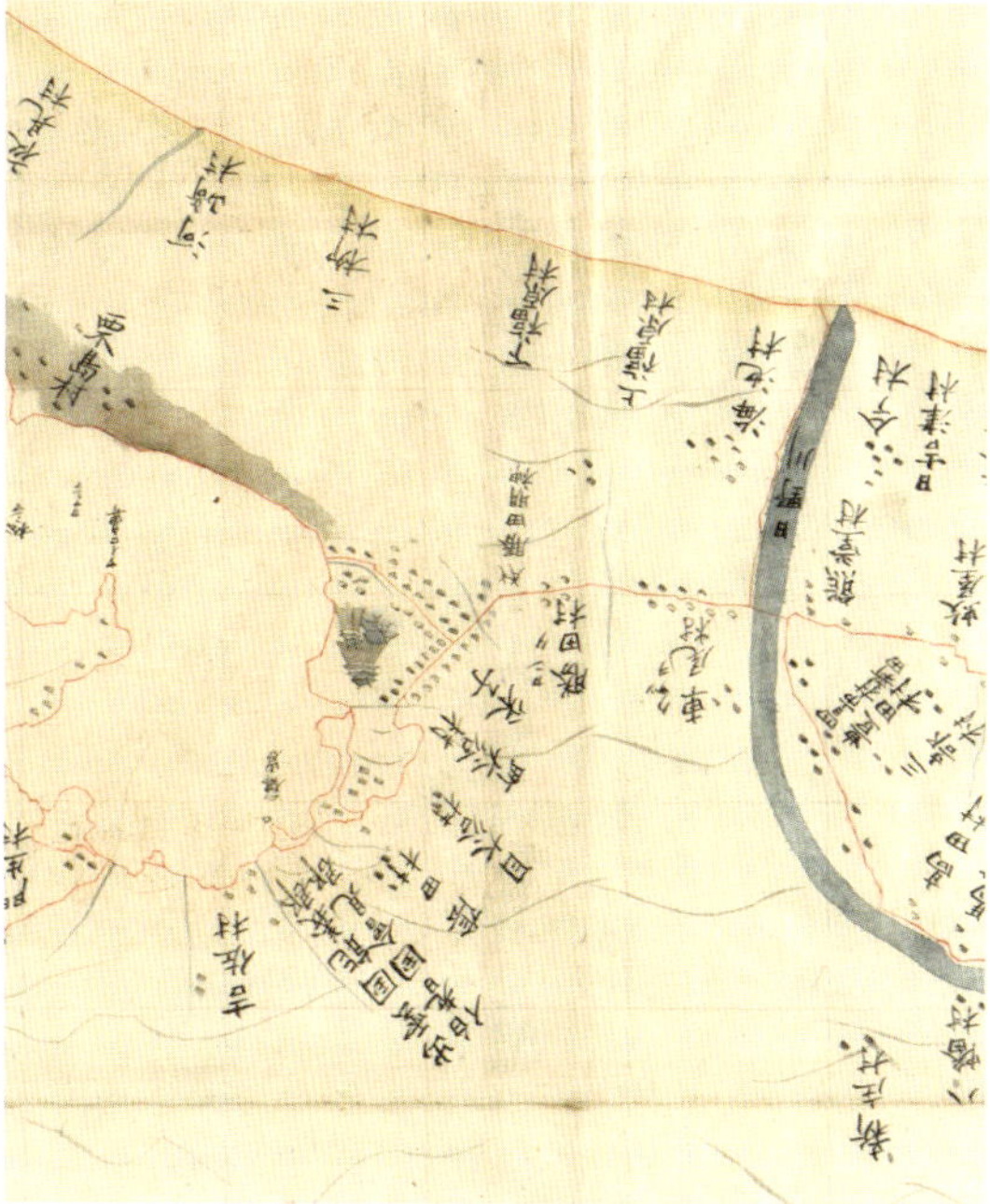

大図第155号米子周辺（アメリカ議会図書館蔵）

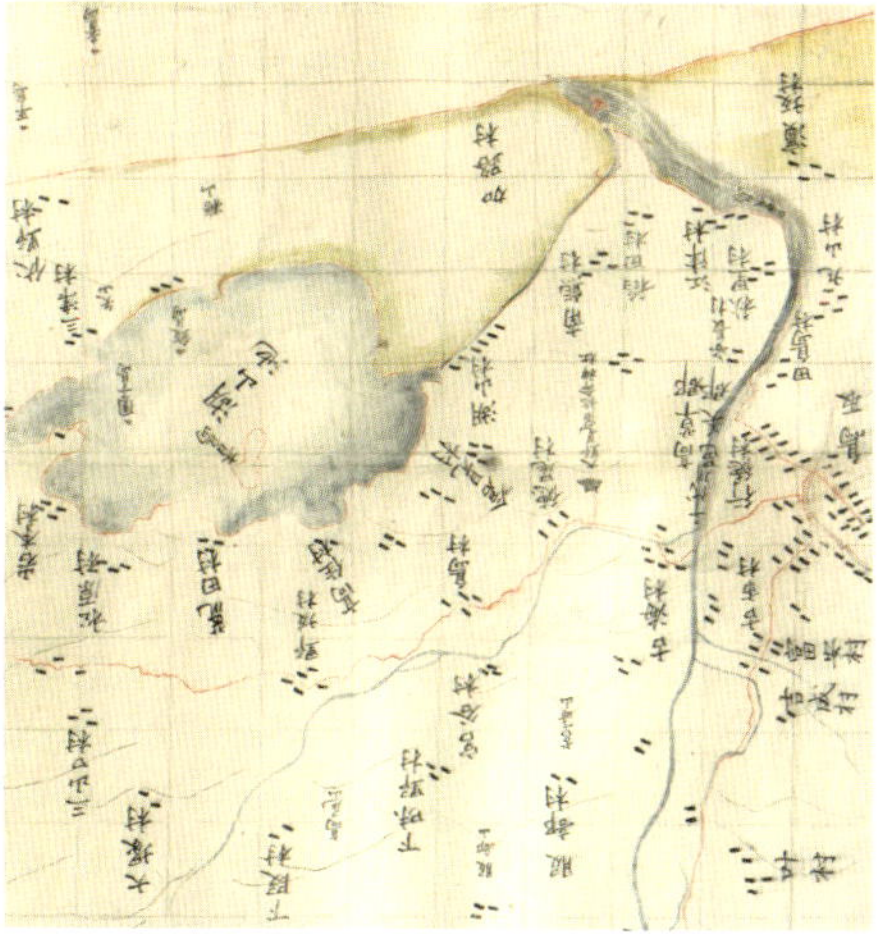

大図第143号鳥取周辺（アメリカ議会図書館蔵）

46 福山・尾道　鞆の浦を測量する

第五次測量の文化３（１８０６）年、岡山城下で越年した忠敬一行は、1月18日岡山城下を発ち、途中笠岡諸島も測り、28日には福山城下に着いた。福山城下では、福山藩士の宮原八郎左衛門という人が訪ねてくる。この人は、予てから文通していた人で、千葉の氏族だと測量日記に書いている。どのような関係かそれ以上のことはわからないが、忠敬は、地方にも各地に知己がいたことがわかる。岡山から福山に至るまで、伊能測量に随身を願う人が2人いたことが日記に記されている。1人は、白河侯と言うから松平定信に仕え、聖堂即ち昌平坂学問所で学んだことのある人で、あと1人は、古河古松軒の紹介状を持ってやってくる。いずれも断っている。忠敬の名声は各地に聞こえていたと言ってよいだろう。

朝鮮通信使の通過地としても有名な鞆の浦（図中矢印）では、雨天の日を挟んで3泊し、景勝地の島々を測量している。鞆の浦は良港であり、水深もあり、大船が停泊できると測量日記に記している。福山、鞆の浦が含まれる大図１５７号は、明治初期に海軍が模写した図が残されているのみで、海図作成のために写したものか、測線は明確に描かれているが、地名などがごく一部しか写されていない。しかし、鞆の浦周辺は、仙酔島などの小島を細かく測量したことがわかり、わずかな地名も表示されている。鞆の浦は、測量日記では鞆津と記載され、大図には湊を意味する舟の記号が描かれている。

鞆の浦から海岸線と島々を測量して2月5日尾道に至る。尾道では本陣に止宿して、享和２（１８０２）年に間重富が測量した測線に繋いでいる。第五次以降の西日本測量は、高橋至時の計画では、間重富が担当するはずであった。しかし、高橋至時が急死し、間重富が天文方を継いだ至時の長男景保の後見を勤めることとなったため、西日本測量も忠敬が引き続き行うことになったのである。間重富の成果がどのように生かされたかわからないが、そのような事情があった。間重富の成果「山陽道実測図」は、大阪歴史博物館に所蔵されている。

　尾道から対岸の向島に渡り、西村という所にある尾道天満屋治兵衛の別荘に止宿した。この別荘は広くて庭園も大きく、景色も良いと測量日記に書きとどめている。尾道の豪商の別荘は、さぞかし豪勢な邸宅であっただろう。

大図第157号福山周辺（海上保安庁海洋情報部蔵）

鞆の浦

47 芸予諸島を測量する—広島藩の手厚い対応

広島県と愛媛県に挟まれる瀬戸内海には、芸予諸島の島々が拡がっている。第五次測量において、福山・尾道から広島に向かっての測量では、瀬戸内海の海岸線を測るとともに、隊を3班に分け、これらの島々を丹念に廻って測量している。燧灘に浮かぶ小島群は、さらに4手に分かれて測量している。しかし、残念なことに、この地域の伊能大図は、明治初期に海軍が海図作成のために模写した図しか残っていない。

しまなみ海道の通る島々、向島、因島、生口島、大三島、伯方島、大島をすべて測った。測量日記には、広島藩から「馳走船」が出たと記しており、測量隊の移動や測量器具の運搬、藩の役人や庄屋など村役人の随伴、お茶や弁当の接待など大変な数の船が動員された。測量日記には、船の数など詳細には触れていないが、広島藩の測量隊への便宜供与は、官民挙げての一大行事であった。瀬戸内海での伊能測量の様子を描いた、「浦島測量之図」と「御手洗測量之図」が残っているが、広島藩の旗印をつけた船や大勢の手伝い人足などが描かれており、大名行列並みの陣容であったことが想像できる。しまなみ海道の南部は当時今治藩領であり、おそらく今治藩からも同様の対応があったのだろう。

大崎下島の御手洗は、潮待ち、風待ちの中継港として瀬戸内海を通航する多くの船が寄港し、歓楽街もあり大いに賑わっていたところである。重要伝統的建造物群保存地区に指定され、古い町並みで知られている。伊能測量隊は、ここに2泊して周囲の島の測量を行っている。

その後、竹原や呉など本土に戻って安芸南岸の海岸線を測量しつつ、蒲苅島、倉橋島、能美島、江田島などを測量し厳島まで達した。

芸予諸島の測量に文化3(1806)年2月7日から3月27日まで約1月半を費やし、その間の船を使用しての測量は、多数の人員を要し、莫大な経費もかかったであろう。藩と地元の負担は相当なものであったに違いない。測量隊は、夜半に船で測量に向かったり、船の中で宿泊することもあった。寒い時期であったから、船にはそれなりの設備を供える必要もあっただろう。

芸予諸島の測量では、広島藩の船方境要蔵と桑原五内が尾道、御手洗で挨拶に出ている。その後岩国で大船頭境要蔵は暇乞いをしており、彼ら大船頭の指揮の下に大船団が組まれたものと思われる。

中図第６図芸予諸島（NISSHA株式会社蔵）

大図第164号御手洗浦（海上保安庁海洋情報部蔵）

大崎下島御手洗

48　広島城下と近隣の島々を測量する

現在の広島市は、人口100万を越える大都市として市街地も太田川三角州全体に広がっている。伊能測量当時の広島城下は、太田川三角州の一部で、周囲には農村が広がり、三角州が海に面するあたりは、新開と呼ばれる新田地帯であった。伊能大図を見ると、三角州を分流する猿猴川、京橋川、本川など6筋の川が描かれ、広島市の中心市街地を現在流れる河川より多い。船入新開、吉島新開、国泰寺新開、竹屋新開など、新田の地名が記されており、現在もそれらの地名は残っている。

第五次測量の文化3（1806）年3月18日、伊能測量隊は、宮原村（呉市）で隊を4手に分けた。それぞれの番手が金輪島ほかの小島を測るほか、呉から広島への海岸線を測量して、現在は広島市の市街地となっている仁保島村に集合する。仁保島村は、広く大きな村で、金輪島、宇品島も仁保島村に属していた。

仁保島村から4手のうち、1手は、前夜から舟に乗船して能美島、江田島を測量する。残る3手は、大田川三角州の海岸線、宇品島、江波島などを測量し、江波島に止宿した。

江波島の宿所は、松坂屋市左衛門と言い家作もよく、海が見えて絶景であったと測量日記に記している。大図には、三角州の前面の海中に、江波島、宇品島、金輪島が描かれている。現在、江波島の周囲の海は、陸化して広島市街地の一部となっており、宇品島は、広島市街とつながっている。金輪島は島のまま残っており、かつては軍の造船所があった。忠敬一行には、景勝地江波島が200年の後には市街地に飲み込まれているとは想像もできなかったであろう。

能美島を測量したのち、厳島に渡り、厳島神社に参拝し、宝物を拝観している。厳島も手分けして周囲を測量し、弥山に登って瀬戸内の島々を測った。厳島から広島城下へと戻り、広島城下に3日間逗留し、船で防州

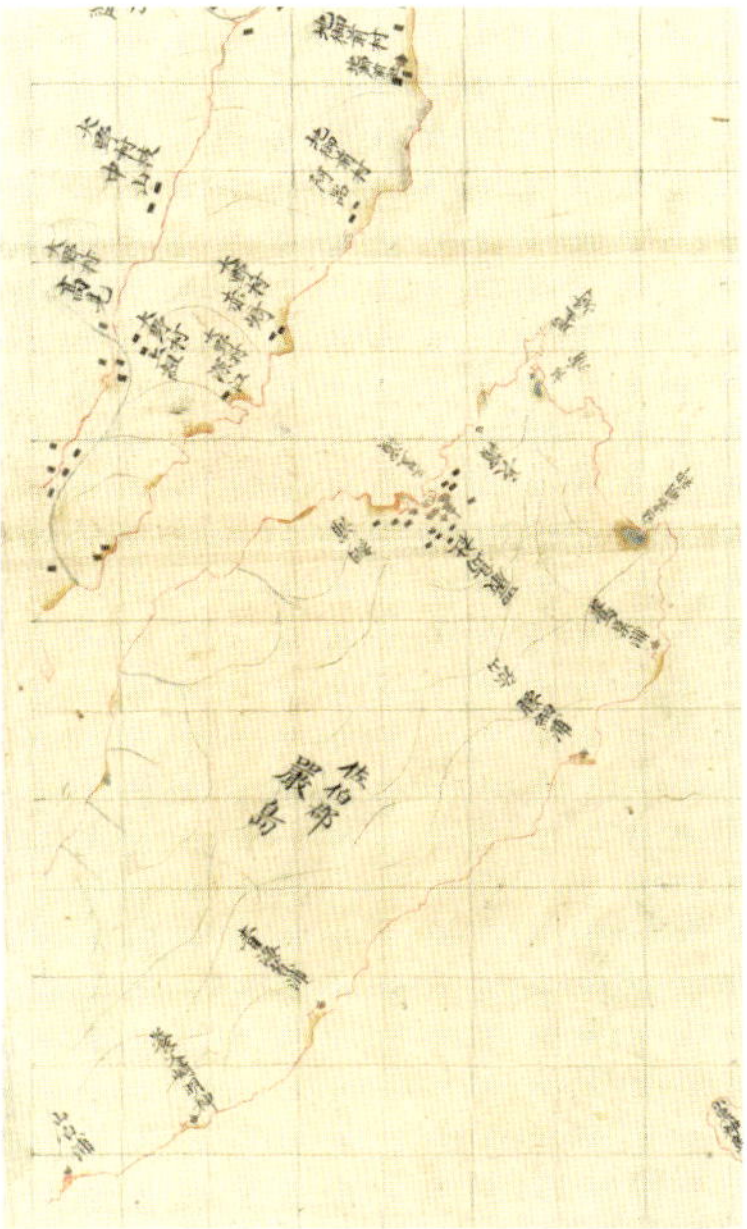

大図第167号厳島（アメリカ議会図書館蔵）

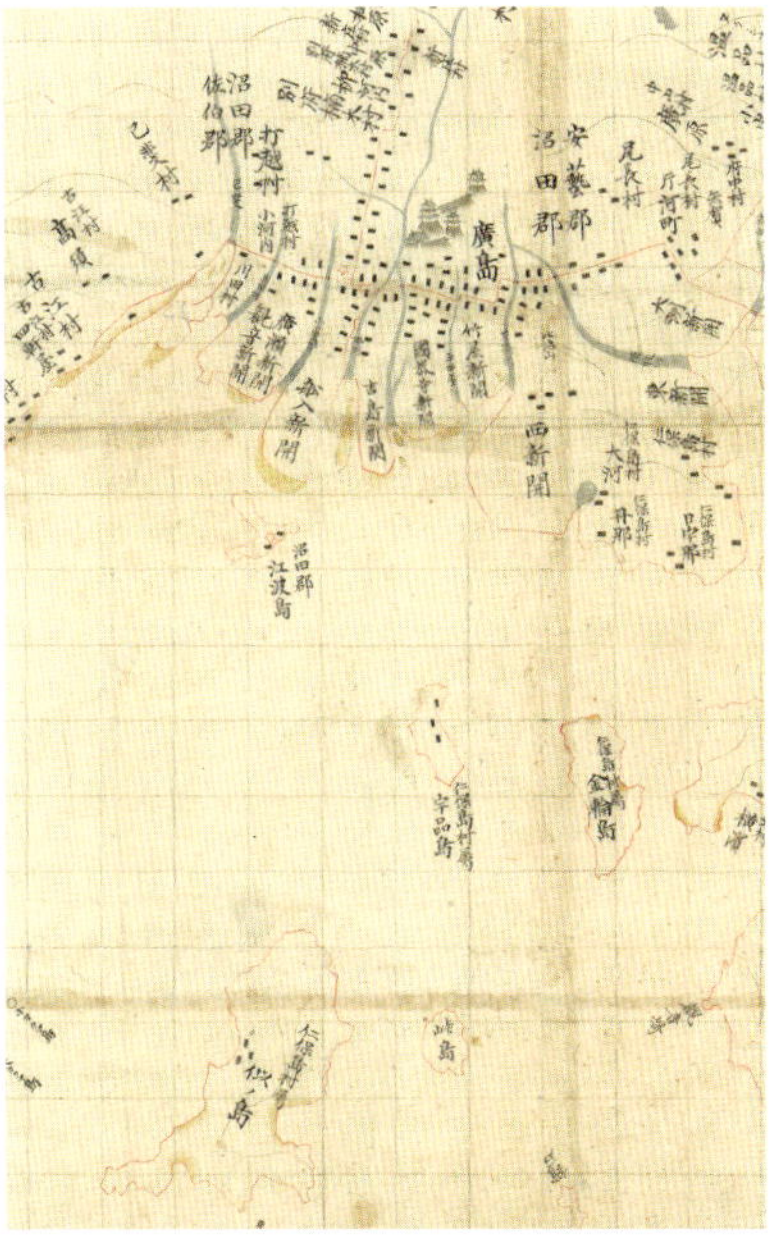

大図第167号広島（アメリカ議会図書館蔵）

岩国へと向かった。岩国では、広島藩の船に別れを告げ、岩国藩領の測量を始める。その晩、船で防予諸島へ渡ろうとするが船の準備が整わない。夜半まで待っていたが、結局夜が明けてしまった。芸州での広島藩の全面的な協力による順調な船の行程から、防州に入ったとたんに予定が狂った。翌日は測量できず、雨も降り出し雨脚も強くなったが、午後出帆し、柳井近くの大畠浦に翌朝着いた。屋代島と大畠浦の間の瀬戸の潮時が悪く、東風も強まり、屋代島にもなかなか渡れない。屋代島は、瀬戸内海で最後の大きな島である。天気もあまりよくなく、苦労はしたが、屋代島を測量して、瀬戸内海西部の大きな島々の測量をほぼ終えたのである。

49　忠敬が持病を発症する－防州吉敷郡秋穂村

文化3（1806）年4月、広島から、岩国、徳山、防府と、途中いくつかの島にも渡り、船中泊も行いながらも坦々と防州吉敷郡秋穂《あいお》村まで測進した。防州秋穂村は、現在山口市の一部となっているが、小郡に近い瀬戸内の風光明媚な浦である。ここで忠敬は持病の瘧《おこり》を発症した。瘧とは、間欠的に熱を出す病気で、一定の時間に熱が出る。マラリアの一種であると言われている。忠敬は、測量行の最中に時折瘧に苦しめられたが、このときは、山陰を廻り松江まで瘧の症状が消えなかった。

秋穂村では、他の測量隊員が測量作業を行っている間、忠敬は、測量には参加せず、秋穂村に3泊する。おそらく歩くのは辛かったのであろう。秋穂村から船で赤間関（下関）まで行こうとしたのではなかろうか。乗船したが、風が強く舟行なりがたく、床波浦で下船して藤曲村で止宿したと測量日記には記されている。床波浦、藤曲村ともに現在の宇部市である。床波浦と藤曲村との距離は、約10㎞ほどあり、駕籠を使ったであろうが、病を押しての旅はつらかったに相違ない。

藤曲村には2泊した。他の測量隊員は、埴生村（山陽小野田市）まで測量する。忠敬も病身を押して埴生村までたどり着く。藤曲村には、萩から医師が派遣されてきたが、埴生村にも別の医師がやってくる。埴生村からは船に乗り赤間関に着いた。赤間関に8日間逗留し、その間他の隊員達は、関門海峡の引島（彦島）、船島（巌流島）などを廻って測量した。忠敬が病気の間も毛利藩の役人や村役人がひっきりなしに訪ねてくる。病気と聞いて見舞いも兼ねた挨拶が続き、全て面会したかどうかわからないが、その応対にも気苦労の多かったことであろう。

赤間関から先も、忠敬は、測量作業に参加することはできず、途中の要所で数日間の逗留を重ねた。赤間関を出立して正吉村に2泊する。正吉村から正月不知《しょうがつしらず》（図中矢印）という集落を通って小串村まで行く。正月不知とは難しい地名だが、この地は、海岸の山陰にあり、玄界灘の風を防ぐため、冬も温暖で、早咲きの水仙が正月に赤間関でよく売れるので、正月を知らないくらい忙しいと言うのが地名の由来だそうである。この地名は残っていない。

その後は、湧浦村、河原村にそれぞれ2泊ずつ滞在し、青海島の対岸瀬戸崎村（長門市仙崎）に6泊している。その間に他の隊員達は萩城下まで測量した。測量日記には記されていないが、天測は各所で行っており、隊長の忠敬が不在でもそれぞれの隊員の持ち場で行うべき測量をやり遂げている。

御両国測量絵図二番　秋穂周辺（山口県文書館蔵）

御両国測量絵図壱番
正月不知（山口県文書館蔵）

50 防長二国の「御両国測量絵図」

防長2国は、毛利家の支配下にあり、明治維新の原動力となったところであることは、誰もがよく知っている。幕末には、長州征伐で知られたように、幕府に立ち向かった藩であったが、伊能測量当時は、未だそのようなこともなく、幕府の指示に従い、協力体制を敷き、伊能図完成後の提供も依頼したようである。

山口県文書館に伊能大図の副本が所蔵されている。伊能測量隊が毛利藩に差し上げた地図であり、防長2国の毛利藩領を描いた色彩豊かな優品である。「御両国測量絵図」という標題が付いている。毛利侯の居城のある萩の城下は、測線が縦横に走り、詳しく測量されている、家並みも絵画的で、萩の町は古地図の通りに歩くことができると言われるが、萩の城下町の様子をよく示している。そして、萩の城下の描き方ばかりでなく、三田尻(防府市)の塩田、長門市にある大寧寺(大内義隆が自刃し、その墓がある)の鬱蒼とした杉に囲まれている境内、青海島海岸の松林など随所に絵画的な表現があり、当時の景観を彷彿とさせる。

第五次測量で防長の海岸を測量したが、前述したように、このとき忠敬は病気であった。第七次、第八次測量では、萩、山口など防長2国を縦横断して測量している。第七次測量では、九州の測量が終わったのち、文化8(1811)年1月から2月にかけて、忠敬が率いる本隊は、下関から秋吉村を経て萩に向かい、坂部貞兵衛が率いる支隊は、山口を経て萩に向かう。第八次測量では、九州第二次測量の後、文化10年10月に俵山温泉、大寧寺、正明市(長門市)、山口、宮市(防府市)、鹿野市(旧鹿野町、現周南市)と防長2国を縦断している。

測量日記には、大寧寺のことを詳しく述べており、大内義隆にまつわる旧跡や大寧寺のそばに湧き出でていた温泉が、俵山温泉に移った話など、おそらく地元の村役人などから聞き取ったのであろう伝説などを記している。「此地ハ実ニ蕭蕭タル幽谷なり」と記し、地図にもその様子を余すところなく描いている。寺領５８０石と言うから大きな寺である。

鹿野市では、毛利侯から使者が来て防長の名産品を送られる。品目は別記と書いてあり、何が贈られたのか分からないが、城下の萩ではなく、防長測量も終わる直前の贈り物とは不可解な感もあるが、「御両国測量絵図」の贈呈と関係があるのであろうか。

御両国測量絵図二番　長門仙崎（山口県文書館蔵）

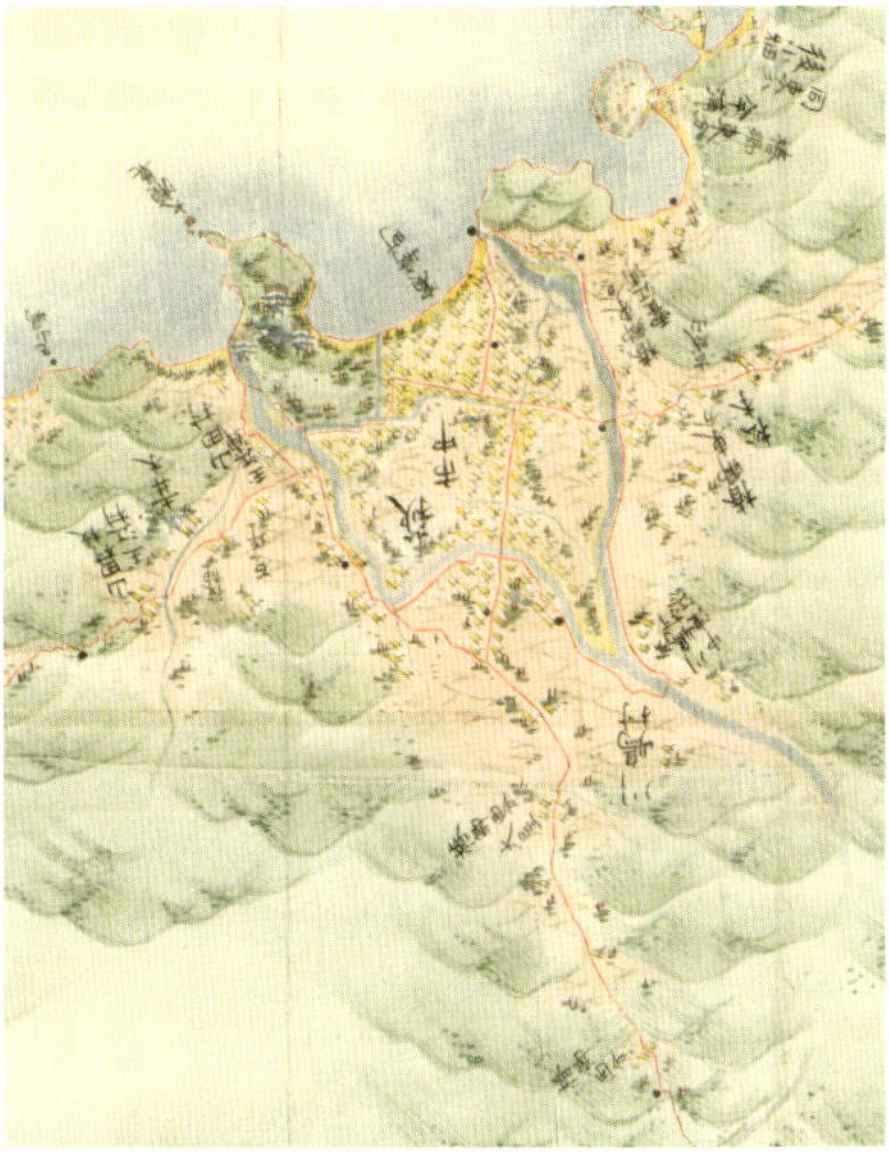

御両国測量絵図二番　萩（山口県文書館蔵）

51　忠敬が病で不在の隠岐測量

第五次測量のさなか、持病の瘧を発症した忠敬は、松江に逗留し、療養に努めた。この間、副隊長格の坂部貞兵衛と幕府天文方高橋景保の弟高橋善助（後に天文方となる渋川景佑）を中心に出雲と隠岐の測量を行った。萩から浜田、温泉津《ゆのつ》を経由して出雲大社の杵築村を通過して宍道湖の北側を測量し、文化3（1806）年6月18日松江に到着した。この間忠敬は病状思わしくなく、測量作業は行っていない。しかし、隠岐の測量は、自ら行うつもりであったようで、松江から三保が関までともかく行っている。

忠敬のほかにも、測量日記に病気と記された隊員は多く、副隊長格の坂部貞兵衛も足痛で休んでいる。三保が関で風を待ち、1日逗留した後、隠岐に向けて出航した。しかし、2里ほど乗り出したところ西風に変わり、帰帆することができなくなり、伯耆の赤崎村に漂着した。このときまでに、忠敬の瘧の病も快方に向かいその発症も少なくなってきていたが、この乗船がよろしくなく、毎日瘧を発症するようになってしまったと測量日記には書いている。

翌日、三保が関へ戻るべく乗船したが、西風が止まず出帆できなかった。さらに1日赤崎村に逗留し、次の日に漸く東南の風となり、忠敬と病気の隊員を残し、測量隊は、三保が関へ戻った。忠敬は、米子まで行き、米子から夜のうちに中海を船で渡って早暁松江に戻った。松江では藩の医師が待ち受けており診察を受ける。結局、忠敬は、この後1ヶ月以上の松江滞在となったのである。

坂部貞兵衛が率いる隠岐の測量は、約20日をかけて順調に進み、島後北西部の断崖絶壁の海岸を除き、ほぼ全ての海岸線が測量されている。隠岐の海岸は、地形図を見ても急峻な海蝕崖が続いている。このような海岸をどのように測量して行ったのか、なかなか想像しがたいものがある。

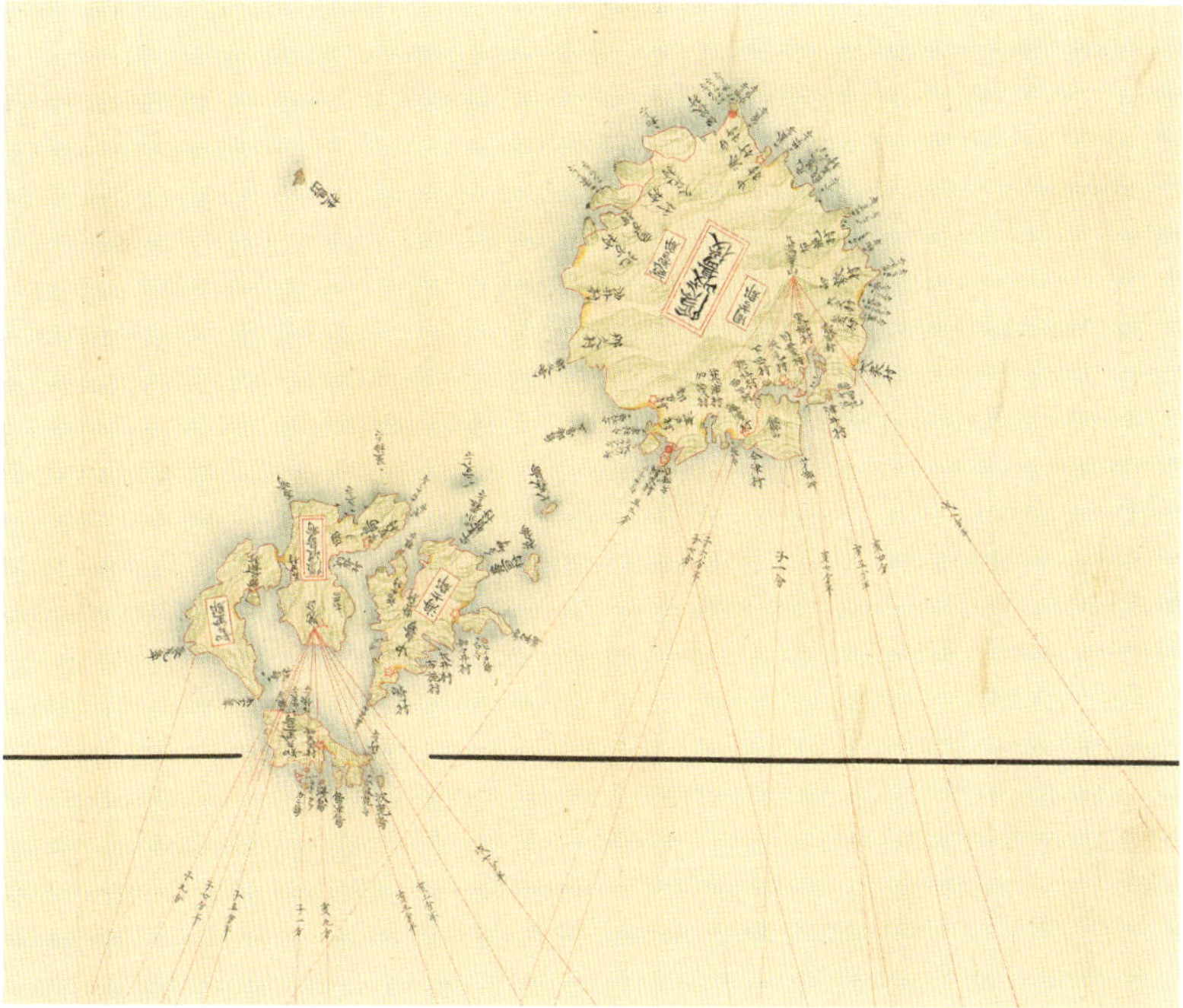

中図第６図隠岐（NISSHA株式会社蔵）

第五次測量では通過したのみの出雲大社は、第八次測量の時に社前まで測量している。出雲では、出雲大社のほか、多くの神社まで測量しており、大図には、社前まで延びた測線と社殿の甍が多数描かれている。測量日記では、大社について特に他の神社と異なって詳しく記載しているわけではない。一方、鰐淵寺と言う古刹があり、鰐淵寺を巡る測線が大図に描かれ、日記にも、その由緒などが詳しく記されている。何故か出雲大社に関しては素っ気ない。

忠敬が病気の間、測量隊の隊規が乱れ、弟子の平山郡蔵と小坂寛平を破門するという伊能測量唯一の不祥事が起きてしまった。

52 四国への往復に淡路島を測量する

第六次測量では、大坂には5日間の滞在であったが、麻田立達、間清市郎、青木常左衛門、足立左内、阿波藩士関権治郎、樋冨菊郎と言った旧知の人々と再会した。様々な贈答のやりとりがあって、文化5年(1808)2月29日麻田立達、間清市郎、関権治郎、樋冨菊郎に郊外の北野村まで送られて四国測量に出発した。伊丹、西宮、芦屋などを通過し、神戸村を通って舞子浜には3月3日に到着した。神戸村は、隣接の二ッ茶屋村、走《はし》水《おど》村と人家が連続し、往来の人は、全て神戸村と思うだろうと測量日記に書いている。

舞子浜まで各村界には各村の大庄屋や名主が出て来てそれぞれ案内する。明石の大船頭が淡路島への渡海は風が悪く見合わせたいという。明石藩役人も渡海は難しいと言う。そのため、舞子浜に止宿する。翌日も、風が悪く渡海見合わせという。さんざん掛け合い漸く昼になって船を出す。ところが順風ですぐ淡路の岩屋浦に着いた。阿波藩士の関権治郎と樋冨菊郎は午前中岩屋浦から舞子浜までやってくる。一緒に乗船して、淡路の測量について打ち合わせを行う。関と樋冨は、淡路の測量の間ずっと測量隊に付き添った。

岩屋浦到着後、郡代奉行が槍を立て馬を曳いて挨拶にやってくる。淡路島の東海岸から測量を始めたが、阿波藩が引縄の手伝いとして足軽10人を差し出す。これらの足軽は淡路・阿波の測量を全て手伝った。測量隊の下河辺政五郎は、この間病気になったが、阿波藩侯から差し向けられた医師が治療に当たっている。

淡路島の南の沖合に沼島《ヌシマ》という小島がある。この島にも渡り測量している。沼島は、淡路本島からわずか1里の島であるが、生憎このときは悪天候で風波も高く、4日間逗留した。関権治郎に薦められて八幡宮に参詣したり、別当寺である神宮寺に立ち寄り、島の人が持参した数百の奇石を見たり、時間をつぶしている。

その後は順調に鳴門崎まで測量し、鳴門の渦潮も見て鳴門海峡を渡り、四国へ入った。四国からの帰途は、淡路島東海岸と島を貫く横切測量との赤白二班に分かれ測量し、再び明石海峡を渡って10月19日兵庫津に着いた。

淡路島の測量は、阿波藩の藩を挙げた支援のもとに行われた測量であった。阿波藩侯からの贈り物も数多く、鳥取藩の対応とは雲泥の差であった。測量事業に対する理解が異なっていたのであろう。阿波藩侯蜂須賀治昭は学問を奨励した殿様として知られている。

中図第６図淡路島（NISSHA株式会社蔵）

大図第142号沼島（アメリカ議会図書館蔵）

53 阿波藩で好遇を受ける測量隊

徳島は、阿波蜂須賀侯26万石の城下町である。伊能測量隊は、文化5（1808）年、第六次測量において、舞子浜から淡路に渡り、3月16日に四国鳴門の岡崎村に上陸した。四国は遍路と同じように時計回りで海岸線を一周し、高知と川之江を結ぶ四国山脈を横断する横切り測量も行った。

阿波の測量にあたっては、既に大阪で阿波藩天文方の関権治郎と樋冨菊郎が忠敬を訪ねてきて測量行程や段取りなどを打ち合わせている。文化2年の第五次測量のときも、忠敬は、大坂滞在中に関権治郎に招待され阿波藩蔵屋敷まで行き、阿波測量について話し合っている。阿波藩は、藩主も伊能測量に関心を持ち、わざわざ藩士を大坂まで測量実施の打ち合わせのために派遣したのであろう。藩内を測量されることに多少の警戒もあったかもしれない。蜂須賀侯は、伊能測量隊に様々なものを贈っている。淡路の洲本では、うどん、素麺、飴を贈られ、徳島城下に着くと和紙、鰹節、煙草を従者に至るまで贈られている。これらの贈り物は、測量行中運ぶわけも行かないので樋冨菊郎に頼んで江戸まで送った。

阿波藩には、岡崎三蔵という優れた測量家がいた。阿波国絵図を作成している。息子の宜平は、偽名を使って伊能測量隊の手伝いをして技術を盗もうとしたと言われている。蜂須賀侯は、測量実施後の伊能図を所望したようで、蜂須賀家には第七次九州第一次測量に至るまでの各種の伊能図が伝わり、現在徳島大学付属図書館に所蔵されている。伊能測量隊は、ほかにも大名の要望に応じて地図を仕立て献上している。献上とは言っても、代金は受領したようである。

徳島には3月21日から24日まで逗留し、測量日記によると、吉野川河口を測量したほか、徳島城下の持明院、本行寺、観音寺に参拝し、諸堂や庭園などを拝観している。このときは、出かけたあとに象限儀を倒し損傷してしまった。応急措置を施したが、その晩の観測では南北の誤差が出てしまったことが記されている。

徳島の大図には、吉野川の広い河口部が描かれ、砂州の一部しか測量できなかったことがわかる。徳島城は、石垣と櫓が描かれているが、よく見ると櫓の屋根に朱色の十字が描かれている。これは、櫓の屋根を測量の目標にしたことを示している。高い櫓は遠くからよく見えるので、山の頂と同様に交会法による測量の目標にしたのである。

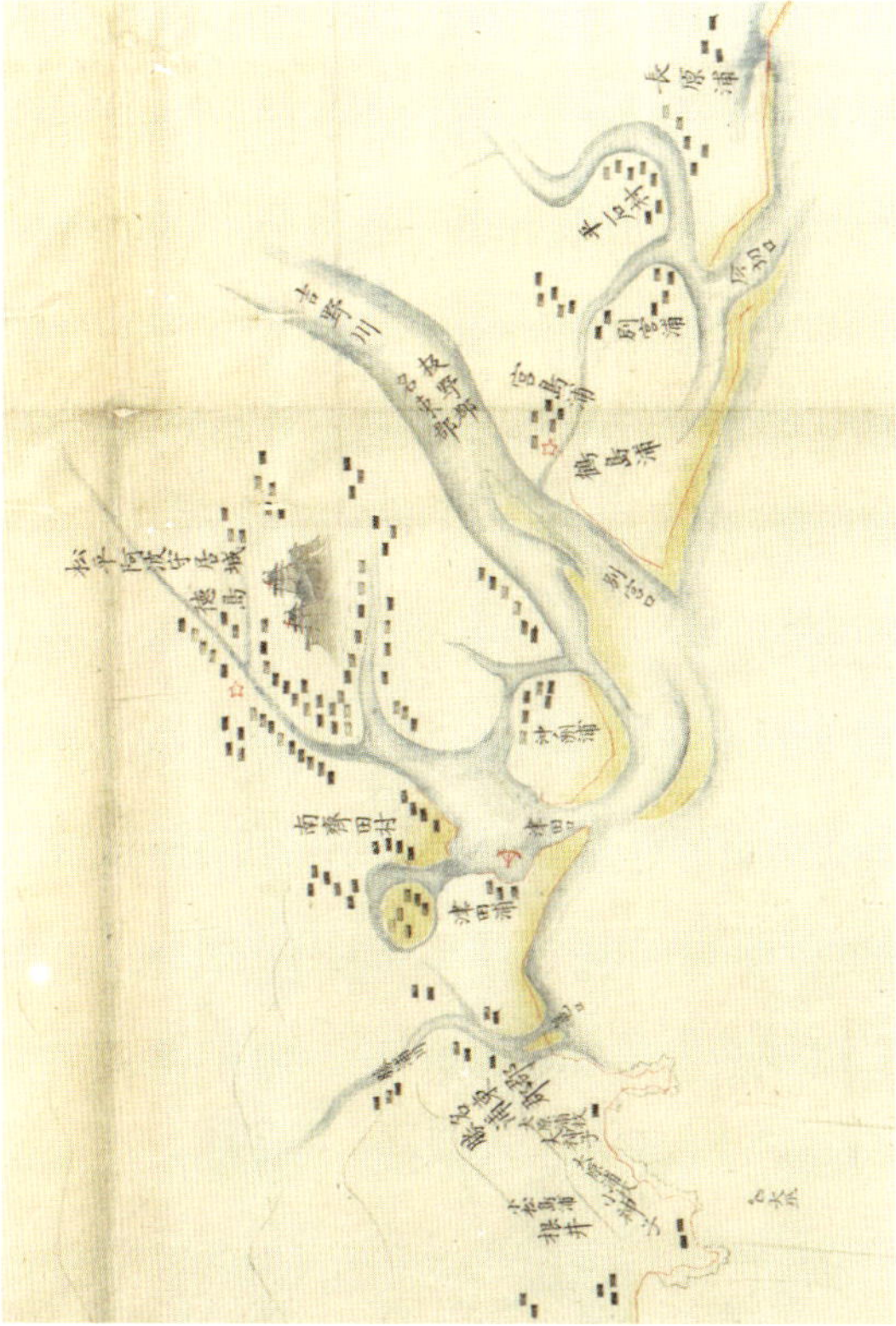

大図第142号徳島周辺（アメリカ議会図書館蔵）

徳島城下乗橋

54　土佐の高知で痰の発作

第六次測量においては、阿波蜂須賀藩の厚遇を得て四国東岸を南下し、土佐国に入った。国境では、付き添ってきた阿波藩の役人2人、郡代手代4人、棹取手伝の足軽11人と別れ、土佐藩の役人、村役人の出迎えを受けた。室戸岬を経て土佐湾を北上し坦々と測量を行って高知まで達した。この間、各村各浦から庄屋がでて案内したことが庄屋の名前とともに測量日記に記されている。

高知で測量隊を二つに分け、四国横断の横切測量を行った。副隊長格坂部貞兵衛が率いる支隊は、伊豫との国境の笹ヶ峰まで測り、笹ヶ峰には、伊豫今治藩の役人の出迎えがあり、川之江までの距離を聞いて引き返した。川之江からは、四国西岸を廻ってのち、笹ヶ峰まで測量し、横切測量を繋いでいる。四国は、四国山脈が連なり、横断がなかなか難しい。四国測量の成果の精度を高めるため、この高知と川之江を結ぶ横切測線は、きわめて重要であった。

高知では、忠敬の持病である痰の発作が出た。痰はいわゆる喘息で、忠敬はこの病気に苦しんでいる。高知には、約一週間逗留したが、この間痰で臥せっていた。時節は5月で、5日には端午の節句のお祝いに藩の役人や村役人が訪れてくる。しかし、病気のため面会しなかったと測量日記には記されているので、相当ひどい喘息だったのではなかろうか。しかし、2日前には、郷士であるが出役している者にたっての願いと言うことで病中面談を行っている。どのような話をしたのかわからないが、測量について教示を受けに来たのではないだろうか。この2人は、高知を出立後も忠敬を訪ね、一人は付き添って測量を学んでいる。忠敬は、教えを乞う人には秘密にすることなく教えた。土佐でも藩の役人や村役人が常時付き添っていた。

土佐藩主からは、測量隊の面々に鰹節や杉原紙が贈られている。鰹節は、土佐の名産として贈られたのであろうが、数が多い。忠敬には100本、天文方下役4人にはそれぞれ80本、内弟子3人にはそれぞれ50本ずつ贈られている。町奉行下役が裃を着けて届けに来た。このほか、棹取や草履取には現金が贈られている。鳥取では金子を贈られ断っているが、高知では、身分の低い者への現金の贈り物は断っていない。棹取や草履取にとっては誠に有り難い臨時収入だったのではなかろうか。鰹節をどのようにしたのか測量日記にも書いていないが、多分売却したのだろう。杉原紙は旅の途中で利用でき便利であっただろうが、鰹節は処置に困っただろう。

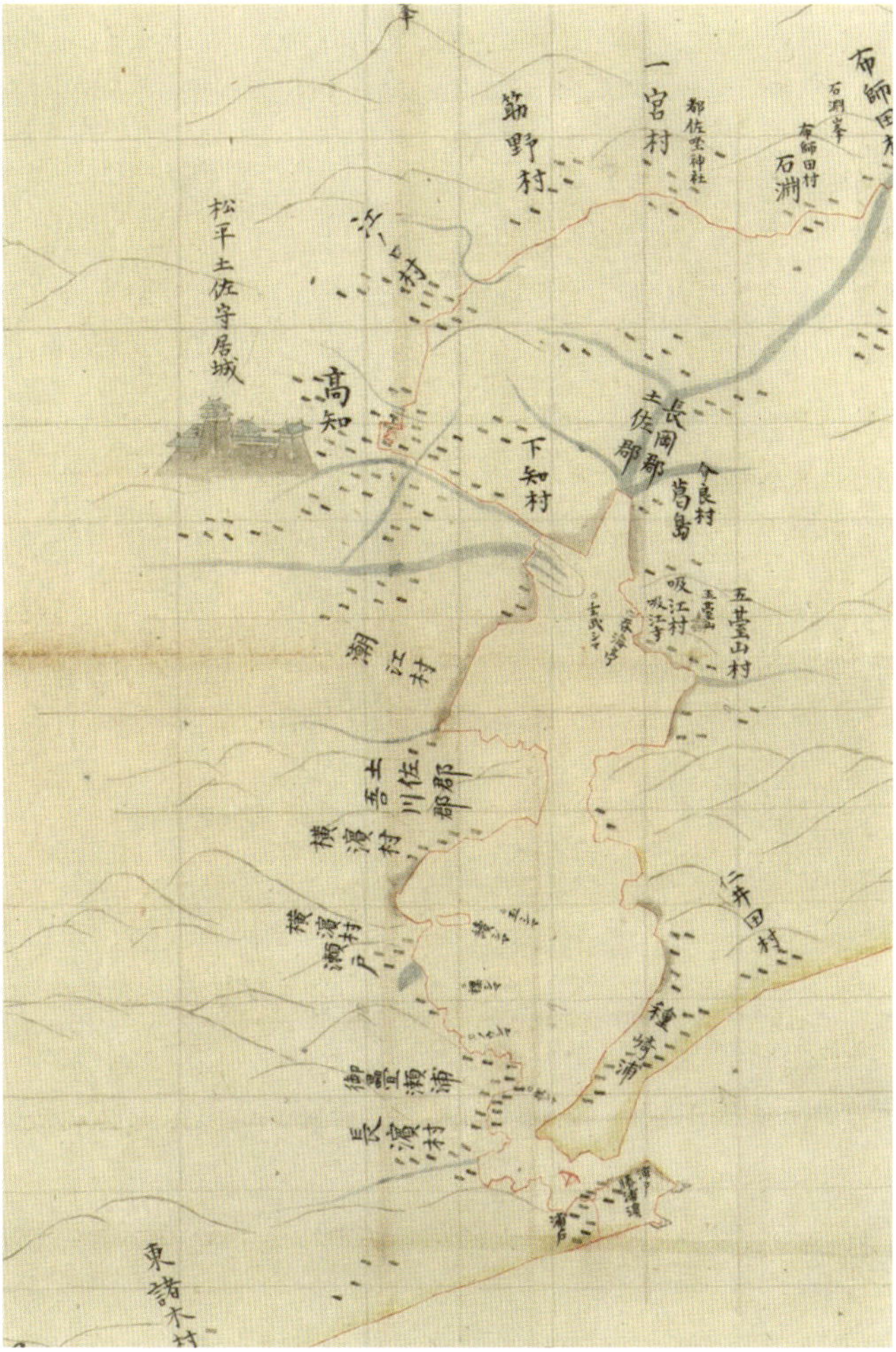

大図第159号高知周辺（アメリカ議会図書館蔵）

55　宇和海のリアス海岸を測量する

四国西岸宇和海はリアス海岸で有名である。測量隊を二分三分して入り組んだ海岸線を測った。宇和海に浮かぶ多数の小さな島にも渡り、隈無く測量している。

厳密に言うと宇和海ではないかも知れないが、土佐宿毛の沖に沖の島という島がある。面積10㎢ばかりの小さな島である。現在は、高知県宿毛市に属しているが、江戸時代には、土佐国幡多郡と伊豫国宇和郡に2分されていた。当然土佐藩と宇和島藩の境界となっていた。沖の島の対岸柏島浦から舟で渡り、国界に舟を着けた。測量隊には、土佐藩の役人が、東の阿波藩との境界から付き添ってきていたが、ここで宇和島藩の役人が待っていた。測量日記には、2手に分けて国界から国界まで測量したことが記されている。両藩の役人とのやりとりなど詳しいことはわからないが、普段は静かな島でおそらく土佐藩、宇和島藩の藩士と測量隊の大勢がやってきて大変な騒ぎであっただろう。しかし、忠敬は測量日記に淡々と測量の行程を記しているのみである。沖の島では2手それぞれ宇和島藩領と土佐藩領に分かれて止宿している。

文化5年（1808）6月25日伊豫に入り、土佐藩の人々に替わり宇和島藩の役人が出迎える。宇和海のリアス海岸の測量には、佐多岬半島を測り終えるまで約2ヶ月の期間を要した。この間の測量は、2班又は3班に分かれ、舟を使い入り組んだ海岸線を手分けして測った。リアス海岸の半島部の横切測量もこまめに行い、散在する島も小島に至るまで測っている。大図を見るとこれらの努力が地図になっていることを実感する。海中に測線が引かれているところも各所に見られ、断崖絶壁で海岸線を測ることができず、やむを得ず海岸の内側を測っている所も多い。片側半分の海岸線しか測量できなかった島も多い。この間宇和島藩から藩の役人、各村各浦の庄屋など村役人がひっきりなしに挨拶に来たり付き添っていた。大名行列並みの測量隊であった。

中図第６図宇和海（NISSHA株式会社蔵）

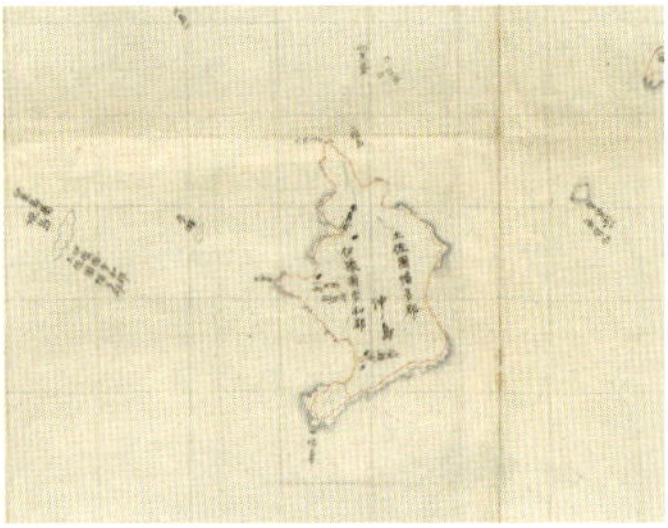

大図第161号沖ノ島（アメリカ議会図書館蔵）

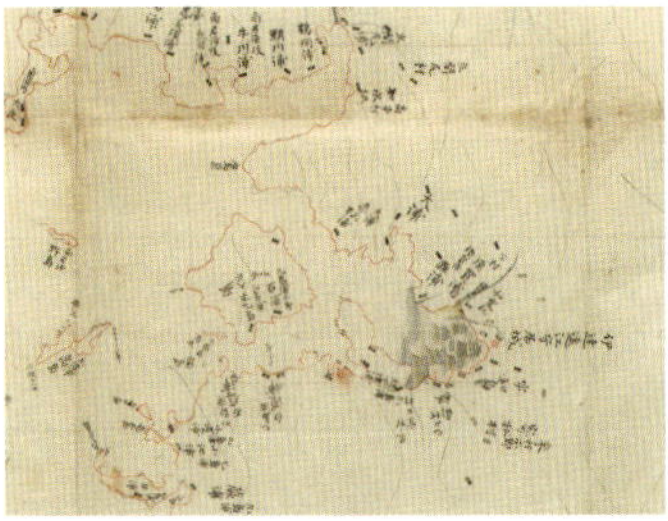

大図第171号宇和島周辺（アメリカ議会図書館蔵）

地元は舟の手配などてんてこ舞いであっただろう。

宇和島藩では、測量隊が藩領に入ったときに、藩主からの使者が来て綾布などの品物を下僕に至るまで贈っている。また、宇和島の支藩伊予吉田藩からもその領地にはいると使者が来て真綿など宇和島藩と似たような品物を贈られた。忠敬には、綾布３反、真綿３把というから道中の衣料にすれば利用できたかも知れないが、伺いを立てると言うことで預かってもらっている。その後どのように処理したか不明である。

宇和島城は海に面した城で、大図にもその様子が描かれている。宇和島城下では、町方大年寄が使者となって 再び藩主から2回にわたって、嶋縮緬、するめ等の贈り物が届けられた。大変な厚遇ぶりである。

56 大洲・松山・忽那諸島を測量する

宇和島を出立し、四国西岸のリアス海岸を約1ヶ月かけて大洲藩との境界の出海《いずみ》村まで丹念に測量してきた。そこは、宇和郡と喜多郡の境となっており、測量隊に付き添ってきた宇和島藩の役人達はここで別れを告げる。出海村では、大洲藩の役人が迎えに出る。大洲藩の迎えの中には画図師がいる。地図作成の担当役人であろう。肱川の河口の長浜町には、さらに大洲藩の役人、松山藩、今治藩、広島藩の大庄屋が迎えに出ている。

長浜町から肱川を遡って大洲城下まで測線を延ばしている。大洲までの一方通行の測線で海岸線測量の補強にはならないが、大洲城下の位置を明らかにしたかったのであろう。大洲城下まで一日で測量する。大洲藩主から贈り物が届く。測量隊の隊士には綾布と中折紙、下僕には金銀が下される。また、新谷藩主（大洲支藩）からは、隊士に蝋燭、下僕に金銀が贈られた。しかし、下僕の金銀は断り、中折紙や蝋燭と交換して貰っている。このあたりの対応が時に応じて異なるのは何故なのか興味深い。いつものように、これらの品々を町方に売り払っている。

大洲から舟で肱川を下って長浜町に戻り、息子の秀蔵以下に沖合10数㎞の青島という小さな孤島まで測量に行かせ、本隊は、海岸を測量して、松山の外港三津町に到着する。ここで大洲藩の役人は別れ、松山藩の役人が迎えに出る。三津町に止宿するが、例によって藩主から贈り物が届く。隊士には晒布、下僕には小杉紙である。これらは全て売り払う。測量日記には、合計20両ばかりになったと記されており、隊員一人ずつの代金の額も記されているが、これらの代金をどう処理したのか、そこまでは書いていない。

三津からは忽那諸島を10日間にわたって巡り測量した。忽那諸島は、松山藩と大洲藩の藩領が入り組み、大洲領にはいると大洲藩の役人が再び出てくる。忽那諸島には、天領もあり、対応する忠敬も気を遣っただろうが、大洲藩の役人達もさぞ気苦労の多いことであったろう。最も北の津和知島からは、周防の側の情島に残してきた杭の方向を測っている。このようなところでも誤差の調整を行っている。杭の方向はどのように確認したのであろうか。

忽那諸島の測量が終わり、三津の北に位置する高浜の湊に戻って松山城下に入った。松山城下では、2日間逗留して下図を描いている。松山から道後村へ向かい、道後村で2泊している。大図には、温泉と注記され、測量日記には記されていないが、温泉につかって休養もとったのであろう。

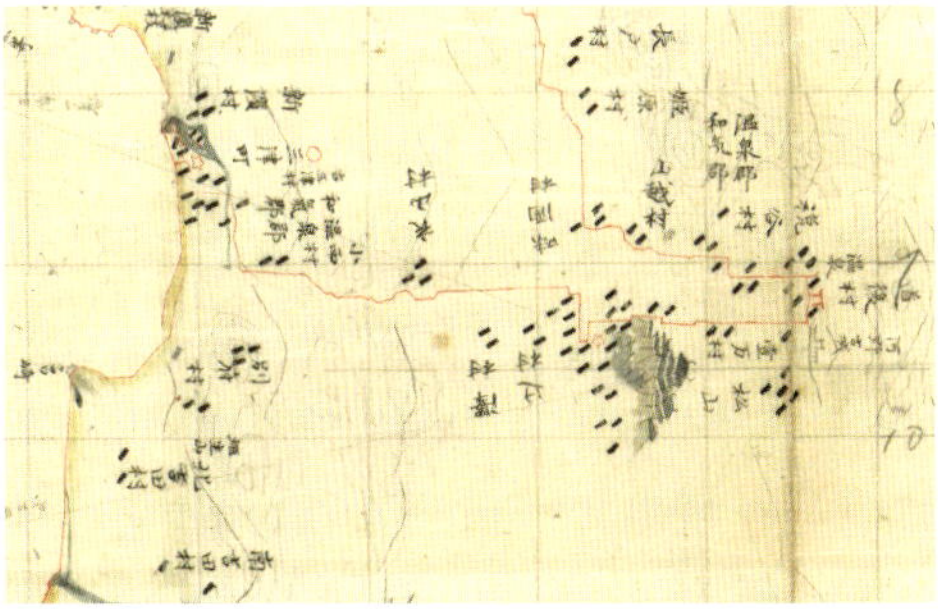
大図第168号松山周辺（アメリカ議会図書館蔵）

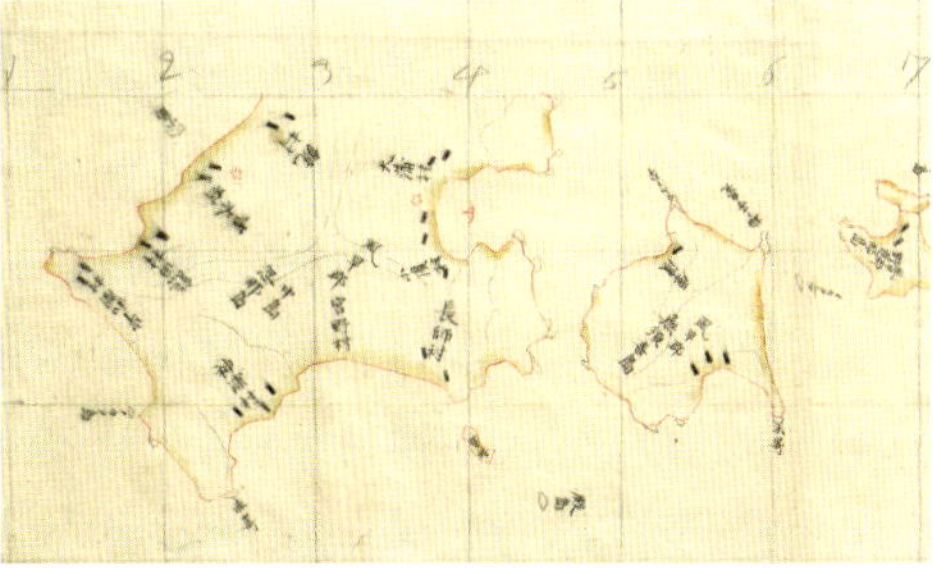
大図第168号忽那諸島（アメリカ議会図書館蔵）

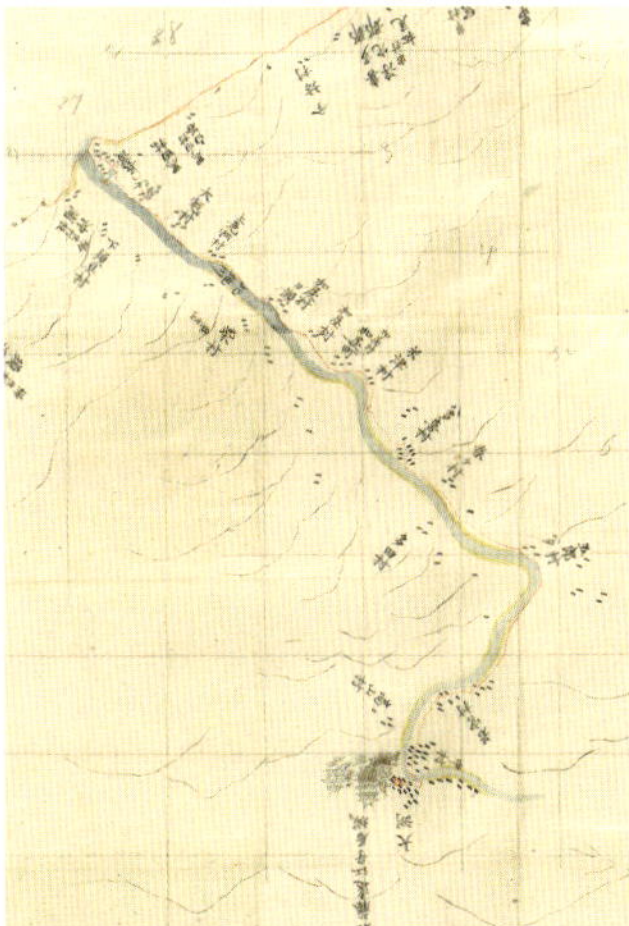
大図第170号大洲周辺（アメリカ議会図書館蔵）

57 讃岐で久米栄左衛門に会う

伊予から讃岐に向かい、今治領、小松領、西条領、多度津領、丸亀領と天領が入り組んだ地方を測量していくが、各領に入る都度出迎えやら暇乞いやら人の出入りが激しい。このような大勢の出迎え人の中に、西条城下に菓子折を持ってやってきた高松藩士の久米栄左衛門と言う人物がいる。久米栄左衛門は、讃岐国引田の百姓の生まれだが、大坂で間重富に入門して天文暦学を学び、帰国後は、高松藩に取り立てられて天文測量に従事した。のちには坂出で塩田開発にもあたり、湊や河川の普請なども行い、高松藩の財政改革にも貢献した人物である。讃岐の地図も作成している。伊能測量隊の案内を務めたが、測量日記には、数回名前が出てくるのみで、栄左衛門が宇足津（宇多津）や郷里のあたりでは日々付き添い案内したと記されているが、その他どのようなつきあいがあったのかよくわからない。一説によれば、栄左衛門は、剛直な人柄で、人付き合いは余りよくなかったと言われており、忠敬と天文・測量談義を親しく行ったわけでもなさそうである。

伊豫国川之江村からは、副隊長格の坂部貞兵衛率いる支隊が高知から笹ヶ峰まで既に行っていた横切測線に繋ぐ測量を行った。また、丸亀城下からは、金比羅社まで行き放しの測量を行い、一方通行の測線が描かれている。丸亀でも領主から贈り物があり、塩飽諸島へ渡って測量した後、宇足津に戻り、そこでも高松藩侯からの贈り物を頂く。しかしこのときには、忠敬の息子で内弟子の秀蔵と天文方下役が同じものを頂くのは不都合であるとして、秀蔵の分を減らしてもらうように申し出ている。それまで、下役と秀蔵は同じものを受け取っていることも多く、何故、秀蔵の分を減らすよう申し出たのか不思議である。これは、藩侯の使者の一存ではできかね、高松の藩庁に伺いを立て、小菊紙20帖を15帖に減らしてもらっている。下役と内弟子の関係はなかなか難しく、秀蔵は、四国測量が終わると大坂から病気と称して郷里の佐原に帰ってしまい、伊能測量隊に再

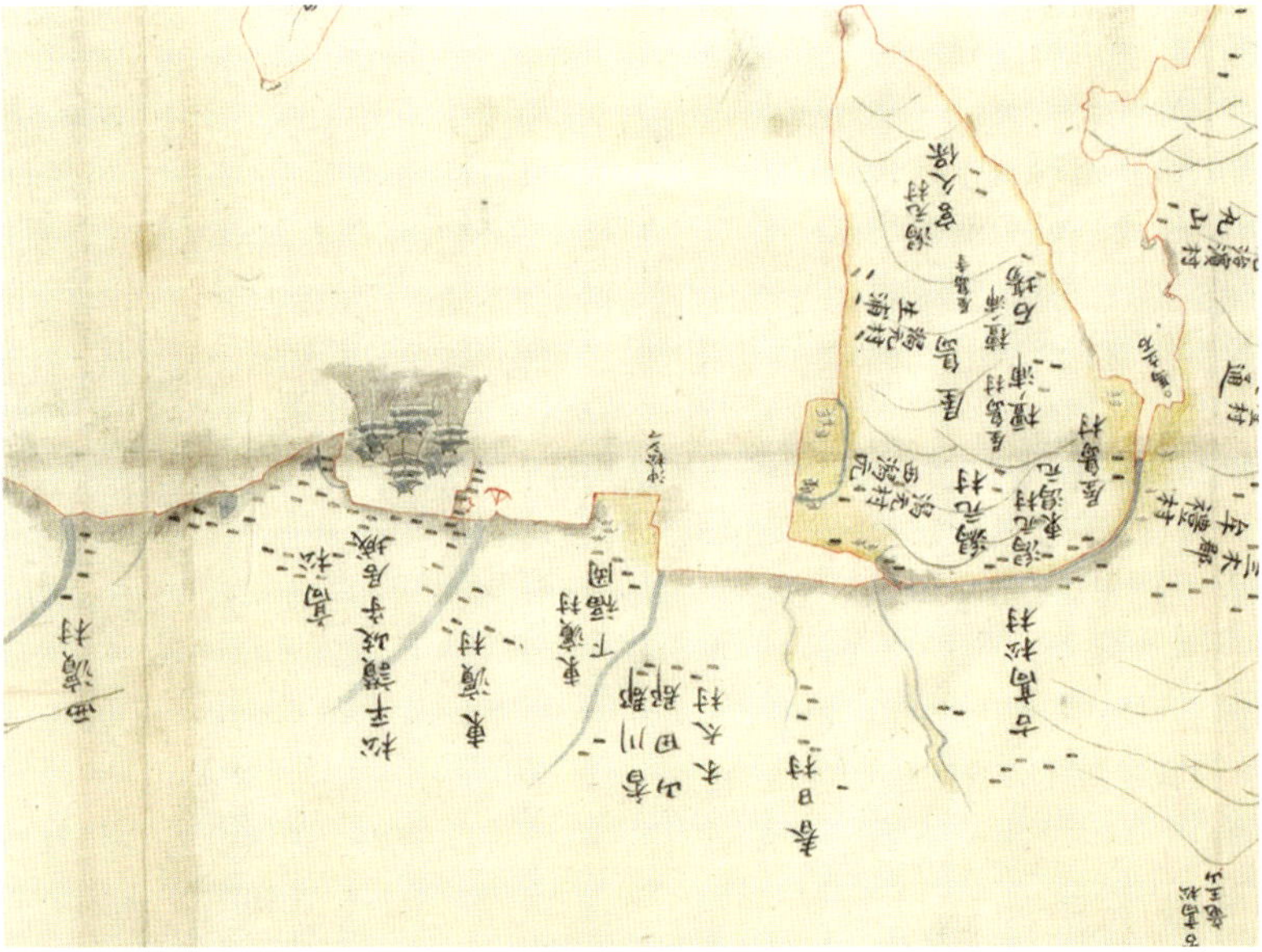

大図第146号高松周辺（アメリカ議会図書館蔵）

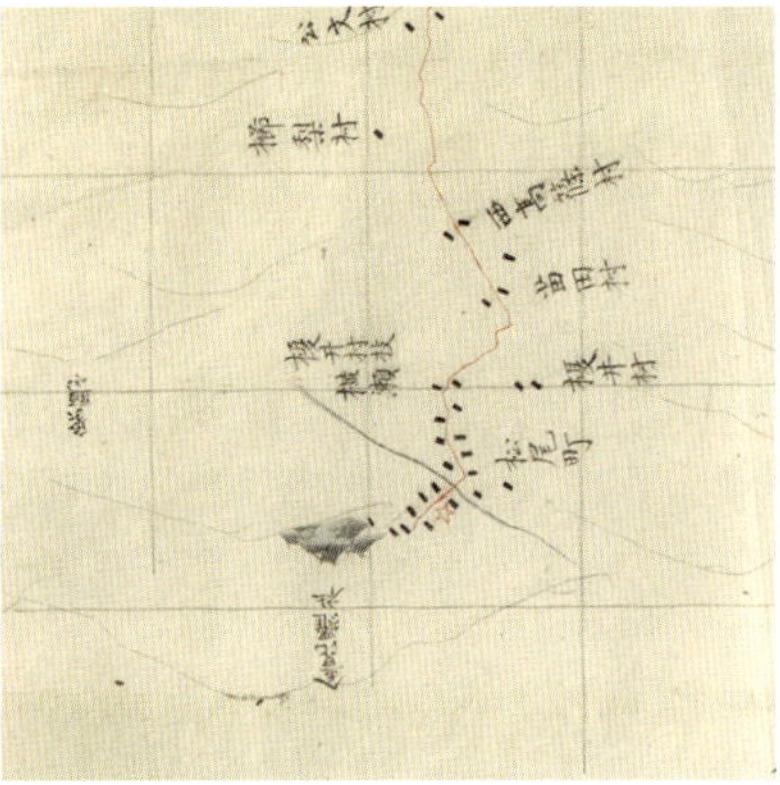

大図第152号金比羅社（アメリカ議会図書館蔵）

び参加することはなかったが、その前触れのような事件であったかもしれない。

　大図には、高松城が海の中に描かれている。高松城は三大海城の一つとされており、海に面した城郭の姿が大図でも表現されている。屋島の付け根には水路が描かれ、測線がそれに沿い半島を横切る測線となっている。現在もこの水路は存在している。高松から約2週間をかけて直島諸島、小豆島を測量して廻った。

58　小倉から九州測量を開始する

文化6（1809）年の暮れ、伊能測量隊は、第七次（九州第一次）測量において九州に初めて足を踏み入れた。師走の27日長府藩で用意した船に乗り込み、六ツ半頃に出帆し、四ツ後に小倉城下に着いた。現代で言えば、朝七時過ぎに出立し、十時過ぎについた勘定になる。2～3時間かかったのであろうか。着船後すぐ止宿先の本陣宮崎良助に落ち着いた。本陣の主宮崎良助は、前日に赤間関の宿所までやってきて打ち合わせをしている。伊能測量隊を迎えることは、一大事であったに違いない。この人は、小倉出立時には町外まで見送りし、止宿先の大里村には、忠敬が診てもらったのだろうか、服部貞卿という医師からの贈り物である自作の詩と墨を持ってやってくる。さらに、先の苅田村には、杵築で伊能測量の面倒を見る人を案内して面会させている。藩から命じられて伊能測量が差し障りなく行われるよう腐心していることが伝わってくる。

伊能測量隊一行は、この日から正月を小倉で過ごし、正月12日まで小倉に逗留する。着いた日は、雪や霰がたびたび降ったと測量日記に記され、相当寒かったようである。逗留中には、降雪の記録がしばしば見られ、正月3日には10㎝程度の積雪もあったようである。それでも、晴れ間があれば、夜中の天測は欠かしていない。

小倉滞在中には、臼杵侯の使者として勘定役が丹後縮緬の袴地や帯などの贈り物を持って挨拶に来る。一方、小倉藩からは、役人の挨拶はあるが滞在中には贈り物などはなかった。ところが、中津の城下手前、小倉領小祝浦で昼食の休憩を取っているところに大庄屋が小倉侯からの反物、帯の贈り物を持って現れる。酒肴までついている。手前の八屋村では、小倉侯から陶器に入った飴の差し入れが隊員それぞれにあった。

小倉からは、門司から企救《きく》半島を廻り、九州東海岸を測量して中津へ向かった。日向、大隅、薩摩、肥後などを測量して小倉に戻ったのは、文化8年の正月16日である。19日まで滞在し、下関へ渡った。このときには、その後の測量先の石州津和野侯から袴地、帯の贈り物が届く。諸侯からの贈り物が反物、帯で統一されているのは、おそらく相互に聞き合わせているのだろう。

第八次測量でも、行き帰りに小倉に宿泊しており、すべて本陣宮崎良助に止宿している。このように、小倉は、九州への玄関に当たり、必ず通過した。これを記念して、平成13年に、小倉の有志の方々が立派な顕彰碑を小倉の中心紫川の畔に建立した。

大図第178号関門海峡（アメリカ議会図書館蔵）

伊能忠敬小倉顕彰碑

59 豊前中津に暦局からの書状が届く

第七次（九州第一次）測量において、小倉から中津に向かい九州東海岸の測量を行った。測量日記の豊前の部分では、いくつかの村をまとめて「手永」と称する記載が多い。「手永」は、藩の行政単位で、「領主が手いっぱいに治め得る区域」と言う意味で呼ばれていた。「手永」は、細川家の領地での呼称で、細川家は、小倉から熊本に転封となったため、熊本藩と小倉藩では「手永」と称された。中津領に入ると「組」に変わる。

中津城下すぐ近くまで小倉領であった。中津領と小倉領の間には、境界についての論争があったようで、いくつかの村について「論地」があると測量日記に書いている。伊能図には高瀬川と注記のある現在の山国川が福岡県と大分県の県境であるが、当時も高瀬川の対岸まで小倉領で、中津藩の村がその中に点在していた。高瀬川河口の小祝浦という小倉領の村は、小倉侯からの贈り物があったところだが、当時高瀬川の河口の島であった。そして、その対岸小倉領の側には中津領の直江村、廣津村があった。そこには中津藩の遠見番所があったことが測量日記から知られる。ここに「論地」があった。「論地」の内容について、測量日記は語っていない。遠見は、周防灘を見張っていたのであろう。

文化7（1810）年1月22日に中津の城下に到着した。そこに中津浪人松本某が江戸暦局からの書状と藩侯からの贈り物を持って挨拶に来る。暦局の書状は、旧臘と言うから昨12月の23日に勘定奉行所から小倉藩の江戸屋敷に渡り、中津城下には1月13日に着いたという。現在の通信と比較するのは無意味だが、暦局においても忠敬一行の行程を把握し、書状が的確に届くよう考えていることがわかる。幕府から諸藩に対して伊能測量隊の書状配達について便宜供与が求められていた。

藩主の使者として藩士でもない浪人がやってくるというのはどういうことなのか。庄屋を使者とするのと変わりないのであろうか。この浪人は、藩主からの贈り物として半切紙を忠敬に2千枚持ってきた。他の隊員にも紙である。

24日には中津城下を出立し、今津村に止宿した。ここへ藩の役人が藩侯の土産を再び持ってくる。今度はお茶である。忠敬には10斤のお茶が贈られた。すぐ村の大庄屋に頼んで売り払う。紙については、測量作業にも必要で、測量日記にもその処分については書いていないので、おそらく実作業に役立てたものと思われる。

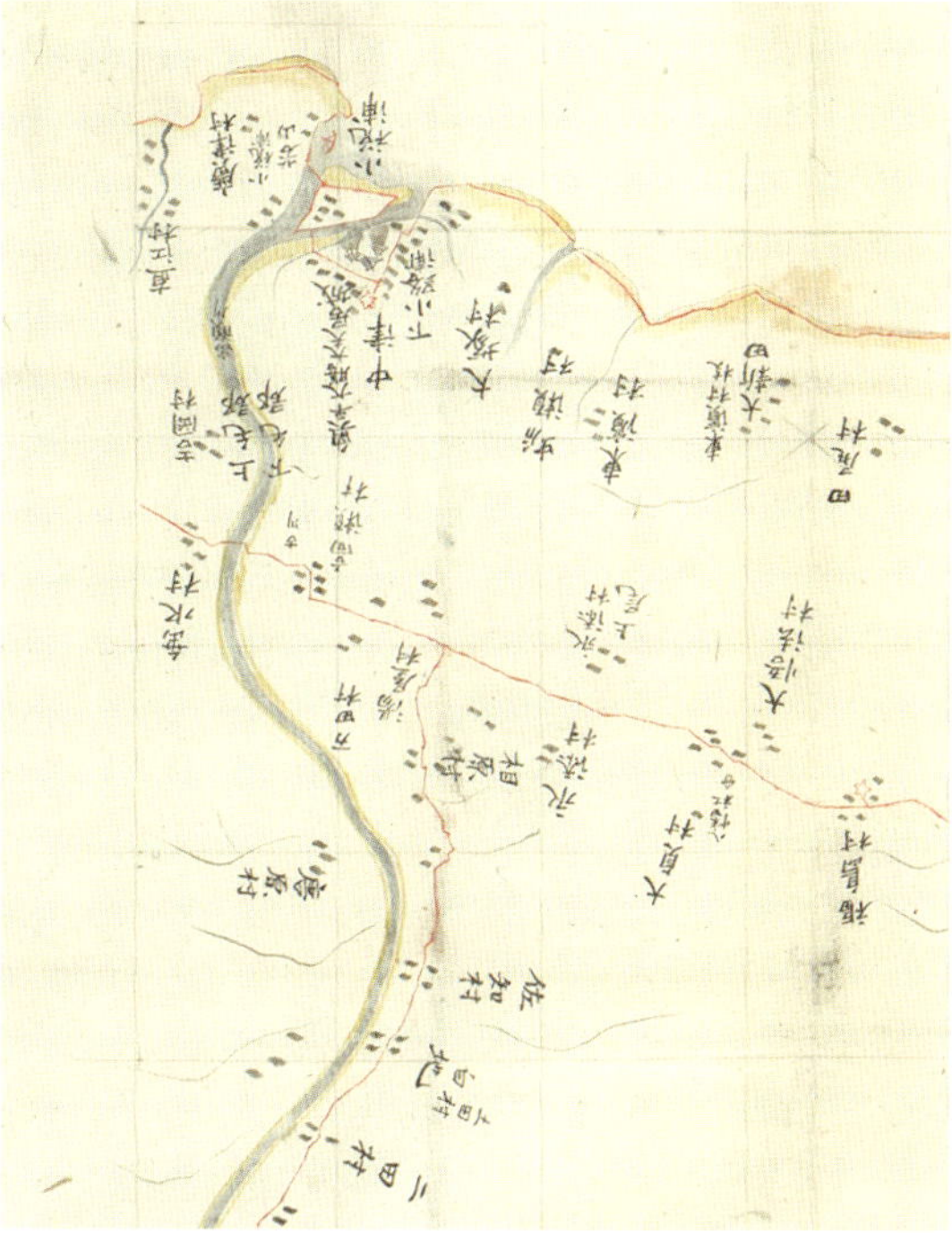

大図第179号中津周辺（アメリカ議会図書館蔵）

中津城

60　国東半島を一周し姫島にも渡る

第七次測量では、中津から南下し、国東半島の海岸線を測量して別府・大分に至り、翌年帰路に再び別府から国東半島の基部を横断して横切り測量を行い小倉に戻った。中津平野と国東半島は、御料所いわゆる天領が多く、島原領、延岡領もあり、杵築藩、日出藩、立石藩のほか旗本知行所も点在し、所領の入り組んだ土地であった。

国東半島の入口となる高田村（豊後高田市）は、島原領で陣屋があり、陣屋代官の川村某、郡代坪田某が挨拶に出てくる。地元の大庄屋・庄屋、杵築藩の家士も前触れで挨拶に来るなど、忠敬も応対に大忙しである。坪田某は、島原侯の贈り物を持ってくる。紙である。身分により枚数に差がある。忠敬は、白半切3，000枚を送られる。このとき、棹取と下僕には贈り物がなく、1週間ばかりのちに失念したとして中折紙が届いた。測量日記には杵築侯が失念していたと記されているが、忠敬も様々な贈り物を各地の殿様からもらったので、勘違いをしているのだろう。

延岡領の村にはいると、延岡藩の役人が測量見分にやってきて延岡侯からの贈り物がある。忠敬や天文方下役、内弟子には鰹節である。それも並大抵の量ではない。忠敬には、鰹節１００本、副隊長格の坂部には70本である。棹取や小者には、鼻紙が贈られた。こちらの方が実用的である。

国東半島の沖に姫島という島がある。忠敬は渡らなかったが、隊員達が2班に分かれて1日で測量した。測量日記には、赤水明神鉄漿湯出ると記されており、比売語曽《ひめこそ》姫がお歯黒をつけて口を漱ぐ水がなかったため、手を打ったところ湧き出たという拍子水があり、これを沸かして拍子水温泉としている。拍子水は、鉄分が含まれているため「赤水」となり、現在も伊能測量の頃と変わっていない。

国東半島を一周し、杵築、日出の城下に宿泊した。この間、杵築侯、日出侯はもちろんのこと、遠く佐伯の毛利侯、豊後森の久留島侯等から帯地、袴地、紙など贈り物がひっきりなしである。帰路にも再び贈り物があった。このように毎日のように贈り物があるとその処分にも困り、売却したと思われるが、測量日記にはいちいち書いていない。江戸時代は、贈答文化の時代であったと言われるが、その一端が伊能測量隊からも知られるのである。

　国東に近い宇佐神宮は、八幡宮の総本社であるが、第七次測量の帰路に立ち寄り測量している。宇佐村の本陣客館に止宿した。宇佐神宮の大宮司と前宮司が揃って挨拶に出て土地の産物を持ってきたが、これは断って返している。

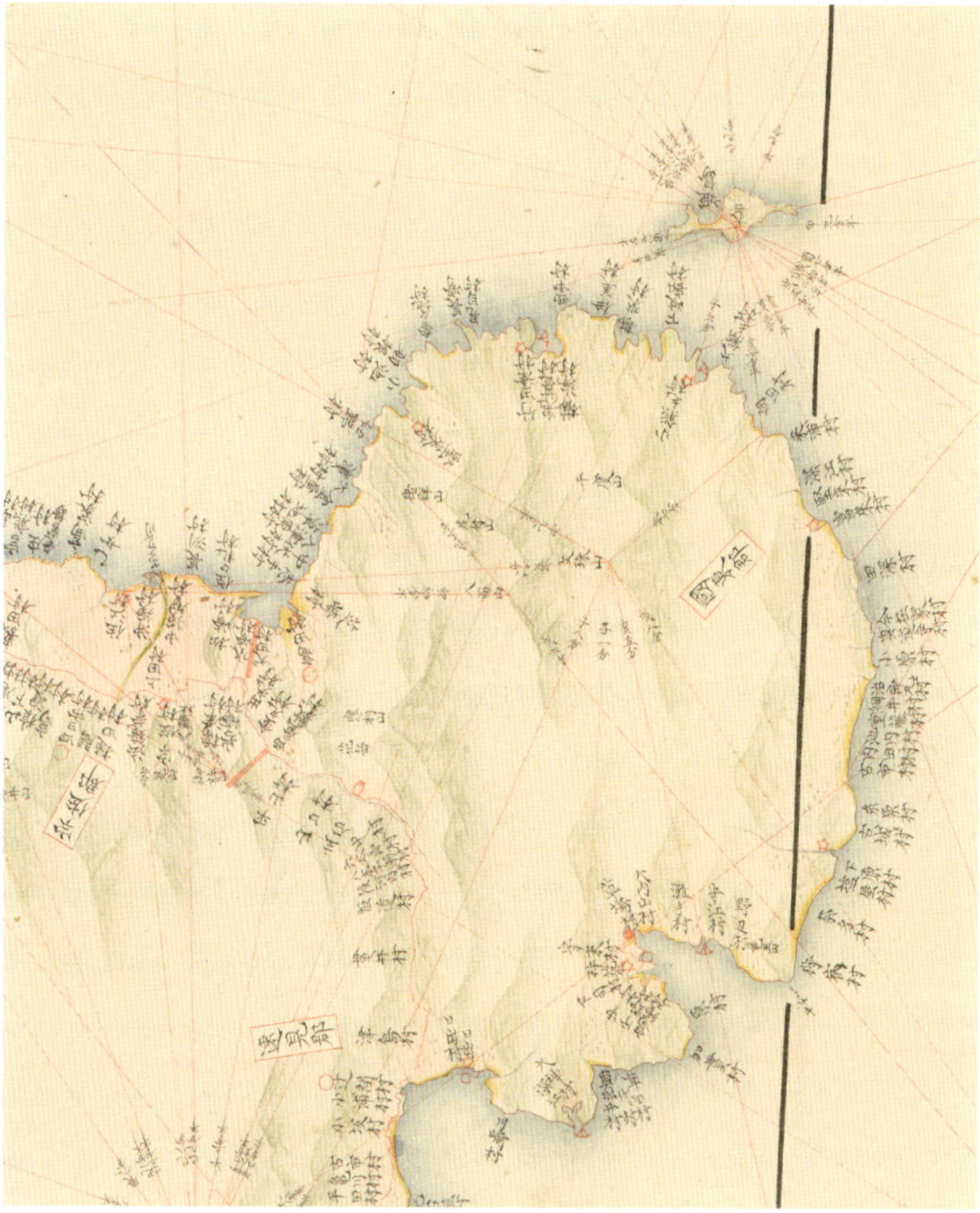

中図第７図国東半島（NISSHA株式会社蔵）

61　九州各藩の藩領が複雑に入り込む大分周辺

現在の大分市は、当時府内と称していた。第七次測量において、国東半島を廻り、別府村を経て府内に着いたのは、文化7（1810）年2月12日である。このときは、一泊のみで鶴崎に向かったが、日向、大隅、薩摩、肥後と測量して廻り、熊本から阿蘇を通って岡城下から2手に分かれて大分に戻ったのは、その年の末12月28日である。府内（図中矢印）で年を越し、翌文化8年の正月3日まで逗留した。

当時の府内は、大給松平家2万石の城下で、周辺には岡藩や熊本藩の領地があり、府内藩は小藩であった。橋本屋八左衛門に止宿したが、測量日記には、この家は酒造家で家作もよく大いに広いと書いている。ここに府内藩の町奉行、郡奉行が使者としてやってきていつもの如く藩侯の贈り物を持ってくる。ここでは真綿と帯地である。城下の惣年寄に頼んで売却する。ここには、近隣の他藩領の役人も多数挨拶にやって来る。

大分市に鶴崎と言うところがある。大野川（伊能図には白嵩川と記されている）の河口に位置し、現在は大分市の一部であるが、かつては鶴崎市であった。忠敬は、府内城下から柚布川（大分川）を渡り、島原藩御預けの天領を通過して、鶴崎村（図中矢印）に止宿した。伊能測量当時の鶴崎村は、大野川の三角州に発達した宿駅で熊本藩領であった。鶴崎村には3日間逗留し、その間に大野川の三角州を巡って中州となっている島を測量した。三角州の一帯は、熊本領、府内領、岡領、延岡領、臼杵領が複雑に入り組んでおり、鶴崎に止宿すると、各領の大庄屋達が入れ替わり立ち替わり挨拶に訪れ、岡侯と熊本侯からは贈り物が届いた。岡侯からは絞木綿、熊本侯からは木綿の反物とするめである。

第七次測量の復路、阿蘇を越えて府内に到着すると早速鶴崎から熊本侯の使者が来てまたまた贈り物である。正月1日には、府内藩の町奉行達が年始の挨拶に来る。豊後森の久留島侯からは、忠敬には半切紙5、000

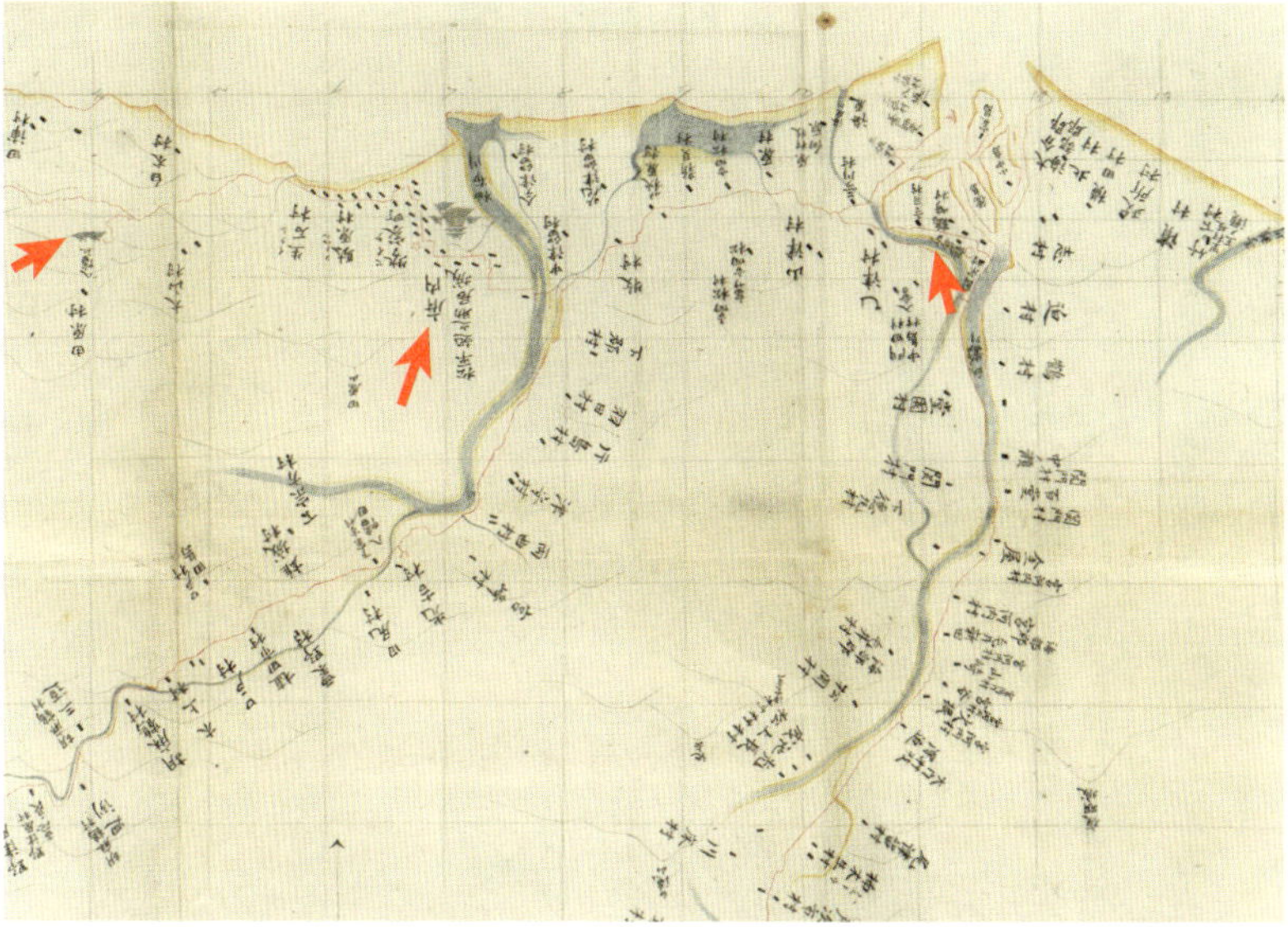

大図第181号大分・鶴崎周辺、大分北部（アメリカ議会図書館蔵）

枚の贈り物が届く。3日から測量作業を再開し、往路にとった海岸の測線と平行して山側に測線を取り、豊後一宮由原八幡宮（図中矢印）の楼門前まで測った。測量日記には、八幡宮の行幸が8月に行われ、浜の市がひらかれて九州一の大市であるとの記述がある。また、境内には大楠があるとも書いている。この日は、再び府内に戻っているので、初詣のつもりもあって由原八幡宮へ詣で測量も行ったのであろう。午後になって府内侯の使者が真綿や紙などの贈り物を持ってきた。翌日、府内を出立した。

62　日豊海岸を丹念に測量する

大分県と宮崎県の県境付近の海岸は、日豊海岸と呼ばれ、風光明媚なリアス海岸として知られ、国定公園にも指定されている。リアス海岸は、海岸線が入り組んで長いだけでなく、峻険な海蝕崖が続き、測量作業は相当な労力を要し、時間がかかった。リアス海岸の始まる佐賀関を文化7（1810）年2月19日に出立し、日向延岡に到着したのは4月6日で、約50日にわたり忠敬の本隊と坂部貞兵衛の支隊の2手に分かれ、入り組んだ海岸線と付属する島を測った。

日豊海岸は、北から臼杵湾、津久見湾、佐伯湾と続き、臼杵は稲葉氏5万石の城下、佐伯は毛利家2万石の城下であった。臼杵城は、大図に描かれているように、臼杵川河口の三角州に孤立した岩礁状の島にあった。東京国立博物館所蔵の九州沿海図第4（重要文化財）には、岩山の上に城郭が展開している姿が色彩豊かに描かれている。現在城の周囲は埋め立てられ市街地となっているが、高い丘の上に臼杵城跡が残っている。

伊能測量隊は、臼杵城下唐人町に到着すると、本陣に入った。測量日記によると、本陣の家作は古く良いと褒められ、舟で本陣に着けた。本陣は城下の島にあったようである。また、町中に石敢當があるとの記述もあり、臼杵市有形民俗文化財に指定されている「石敢當の塔」がそれに当たると思われる。

臼杵から津久見に向かい、忠敬本隊は、半島部の横切測量を行う、一方坂部支隊は、半島を廻って海岸線を測量した。津久見から細長く突出した半島とその先の保土島まで測量した。鳩浦と言う漁村で一向宗の寺に4日間滞在し、日食の観測を行った。観測開始前から黒雲が出て開始時の観測はできなかった。この鳩浦で、測量日記によれば供侍の成田豊作に「不束な儀」があり、長暇を遣わした。どのような不束なことがあったのか記述がなくわからないが、このような辺鄙の地で突然解雇された本人は、その後どうしたのであろうか。それ

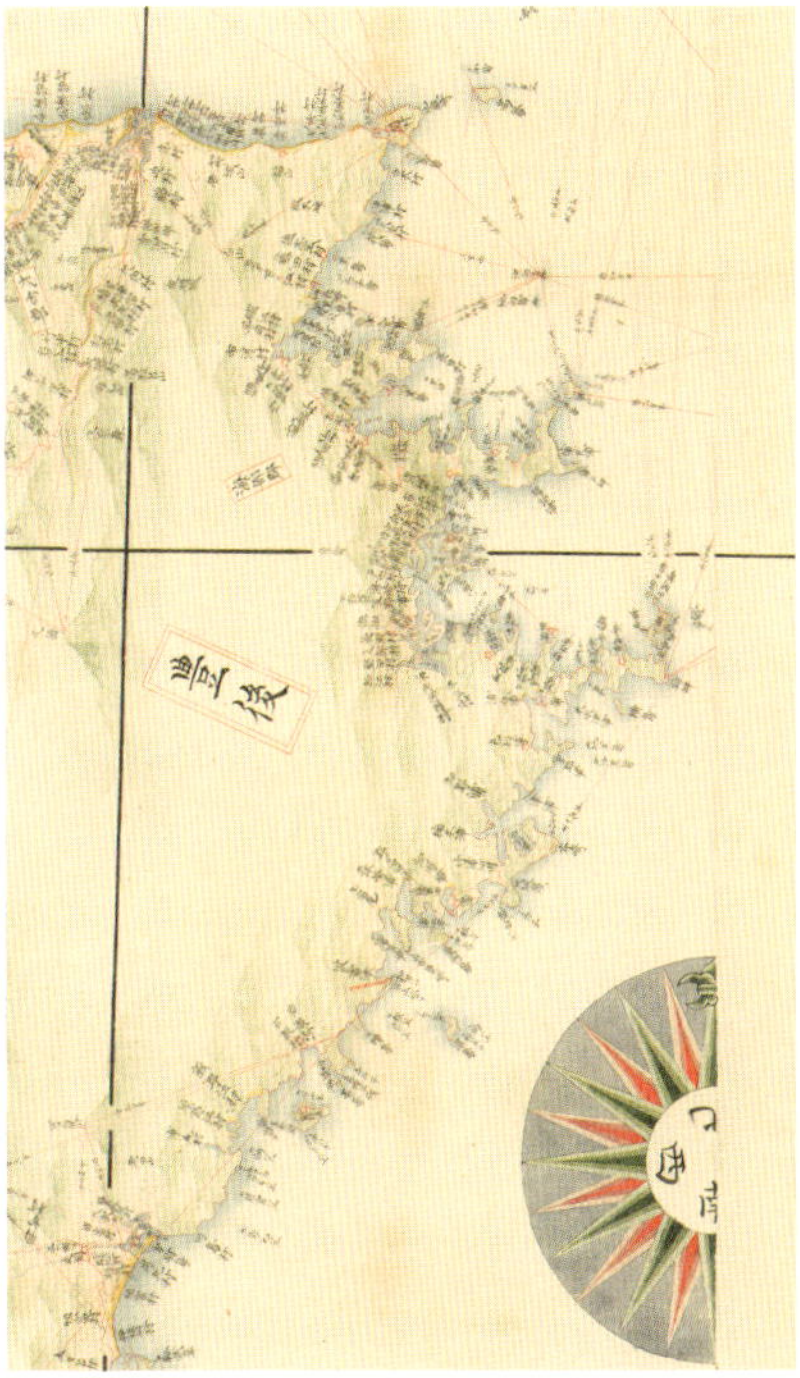

中図第７図日豊海岸（NISSHA株式会社蔵）

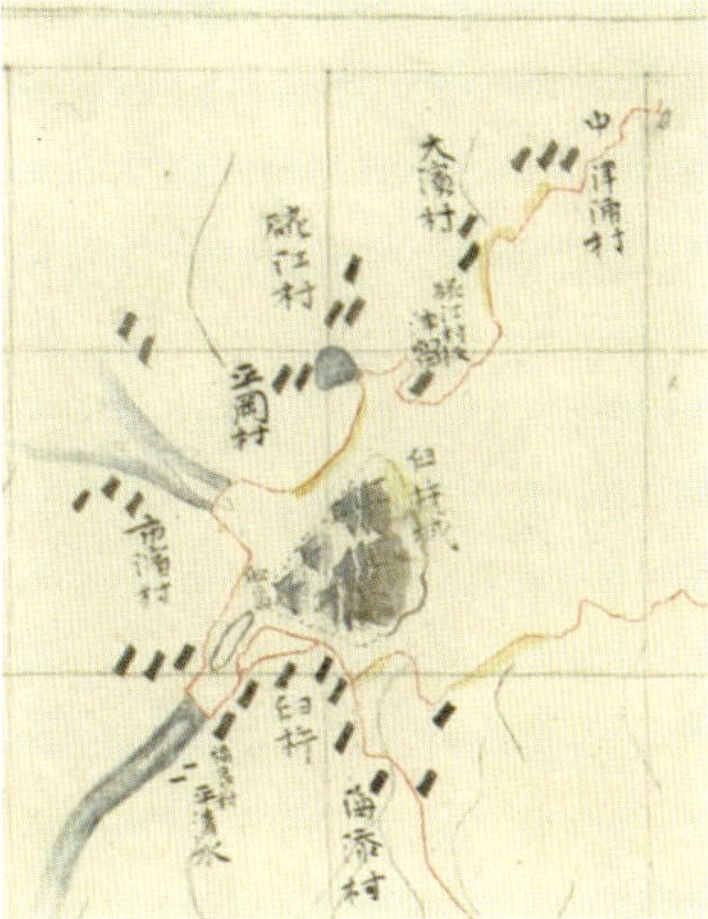

大図第183号臼杵

も記述がないのでよくわからないが、忠敬は、このことについて、江戸の暦局に手紙（咎め状）を出している。

佐伯には、４日間逗留した。佐伯侯からも贈り物が届いたが、忠敬に半切紙20束、天文方下役には10束と他の殿様に比べるとささやかなものであった。但し、別に料理代をもらっている。佐伯から延岡までさらにリアス海岸を測量したが、その間が長かった。九州で最も東に位置する鶴御崎の細長い半島と、その先にある大島まで船で縄を渡して測る海中測量も行いながら丹念に測量している。

63　延岡に薩摩藩士野元嘉三治が訪ねてくる

日豊海岸の測量は、リアス海岸のため相当の日数を要し、断崖絶壁の難所も多く、そのようなところは測量をあきらめたところも多々あった。そのため、測線が繋がらず途切れている箇所も地図の上には見られる。延岡に到着する前には、入津浦という深く湾入した入江の村に逗留している。そこには、日向飫肥藩や肥後人吉藩から藩士が打ち合わせにやってきた。佐伯を出てから鶴御崎までの測量の間に、延岡藩の地図方が同じように打ち合わせにやってきている。それぞれ、延岡や佐伯のような城下ではなく、辺鄙な浦にやってきているところが中々微妙なところである。

延岡城下に着くと、藩侯から贈り物が届く。忠敬、坂部のほか、天文方下役3人に鰹節1箱ずつ、忠敬との間に差がつけられていない。内弟子3人、長持宰領、供侍に7連ずつ、棹取に50本である。おそらく1連は10本で、1箱には、10連程度入っていたのではなかろうか。鰹節を沢山貰っても処置に困り、多分売却したのだろうが、測量日記には、なにも書いていない。

延岡には、薩摩藩士野元嘉三治がやって来た。野元は、第七次測量の出立前に江戸におり、忠敬を訪ね、手紙もやりとりして、測量隊の日程を確認した。忠敬一行は、延岡から日向の海岸線を測量し、志布志から薩摩の藩領に入るが、野元は、その後行程を共にした。その間、種子島・屋久島測量についての意向を確かめ、第七次測量終了後には、文化8年5月に江戸の忠敬を訪ね、種子島・屋久島測量の実施方針を国元に伝えている。

第5次測量の時にも、野元は、長州に忠敬を訪ねている。野元嘉三治は、伊能測量の薩摩藩での実施について、相当以前から忠敬に接触して準備を行っていたようである。薩摩藩としても重要事項であったのだろう。第八次測量のときは役替えになったようであり、野元の名前は出てこない。延岡では、日向飫肥藩の杉尾丈右衛門と言う藩士も測量検分を行っている。測量作業について前もって理解しておく必要があったのだろう。

伊能測量隊は、延岡に3日間逗留し、城下と五ヶ瀬川河口と海岸を測る。、大図を見ると、五ヶ瀬川河口を砂州が塞ぎ、ラグーン状の広い河口の中に方財島と助兵衛島、大武島という大きな島がある。無人の島であると測量日記に記しているが、これらの島の周囲を測っている。現在の五ヶ瀬川河口は、干拓等で地形も変わってしまっているが、これらの島の存在を示す地名が残っている。

大図第183号入津浦（アメリカ議会図書館蔵）

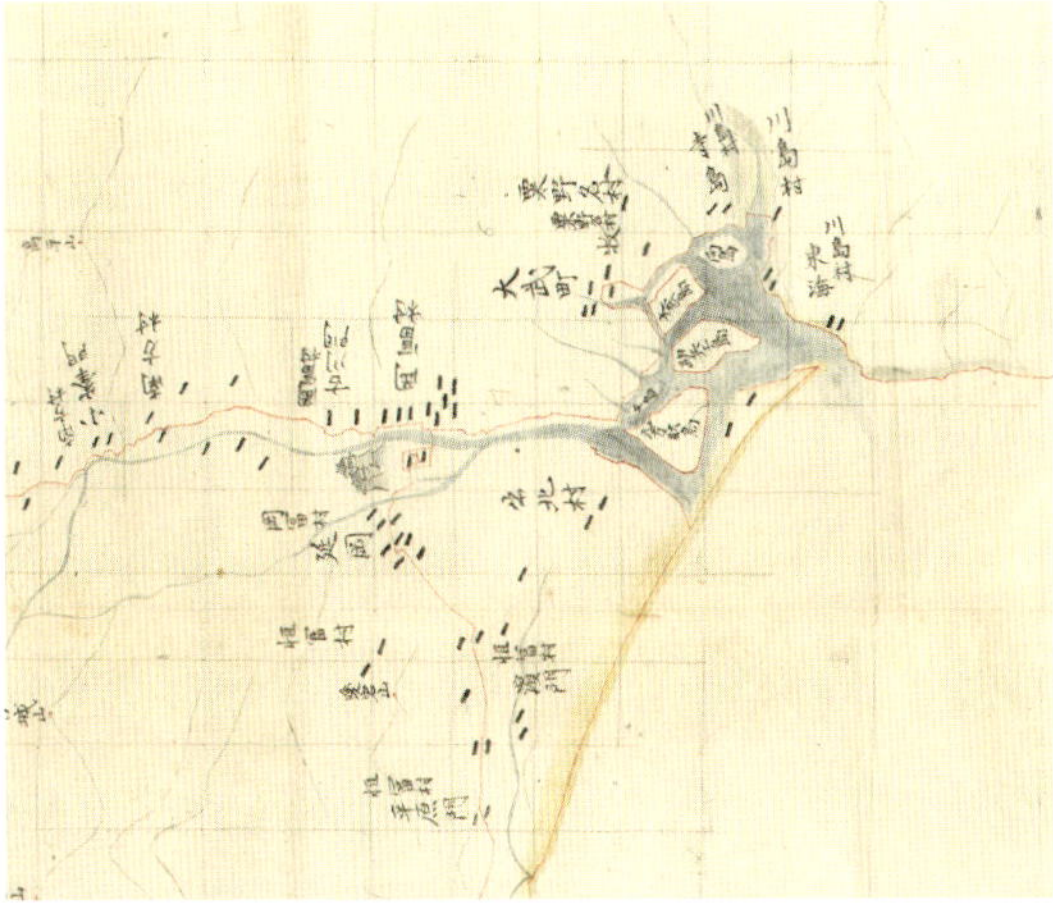

大図第184号延岡周辺（アメリカ議会図書館蔵）

64　日向の海岸を測る

第七次測量の文化7（1810）年4月9日、延岡城下を出立し、高鍋領、佐土原領を通過し、測量して行った。日向の海岸は、美々津を過ぎると宮崎平野の海岸となり、砂浜が続き測量も容易な平滑な海岸である。美々津までは、海岸線も出入りが多く、日知屋村に属す細島は良港であった。測量日記にも「上湊なり」と記されている。日知屋村は、大村で4地区に分かれ、字が多数あると測量日記に記され、元々は延岡領であったが、元禄の時代に農民の逃散一揆事件が起こり、天領となった。

細島は、両側の半島に抱かれた天然の良港で、古くから瀬戸内海航路の中継港として、日明貿易やポルトガルの船も立ち寄ったと言われている。薩摩、飫肥、高鍋などの大名は、参勤交代の時には、細島から海路をとり瀬戸内海を通って大坂へ向かった。明治以降には、オランダ人土木技師デ・レーケの港湾整備方針により近代化が進み、験潮場が設置された。戦後は、細島の半島北側の海が整備され、重要港湾の指定を受け、東九州における物流・貿易の拠点となっている。細島の半島の先端は、断崖が続き海岸線の測量は困難であった。そのため断崖の上に測線が描かれている。その代わり、横切測量を行い、半島の付け根を横切る測線が描かれている。

細島の手前、門川村では、高鍋藩主秋月佐渡守の家来がやってきて、贈り物が届く。この度は名産の椎茸である。忠敬のみ塩鴨がついたが、他は上下に拘わらず椎茸1箱である。箱の大きさが違ったのであろうか。椎茸は軽いが、持って歩くわけにもいかない。売却したのであろう。測量日記には書いていない。高鍋藩主からは、高鍋城下においても鰹節1箱ずつ贈られている。

細島から美々津に向かう。美々津では、高鍋藩の役人が止宿の前で出迎える。高鍋藩お抱えの絵師安田李仲とその息子が来た。当時、地図を描くのは絵師の仕事であったので、高鍋藩領の地図について用談があったのではないだろうか。美々津には、佐土原藩主島津侯の使者もやって来て贈り物があった。忠敬に鰹節１５０本、坂部に１３０本である。美々津では、降雨のため近傍の小川が氾濫して渡河不能となり、２日逗留した。その間下図の作成を行っている。美々津は、廻船業で賑わった古い町並みが重要伝統的建造物群保存地区に指定されている。その後は順調に宮崎まで測量して行った。佐土原では、藩主から再び酒を、分家の殿様からは、忠敬に蝋燭３００挺が贈られている。贈り物の連続である。

大図第184号細島・美々津（アメリカ議会図書館蔵）

美々津重要伝統的建造物群保存地区

65　落人伝説の米良・椎葉を巡る

日向の落人伝説の山里、椎葉山や米良荘も伊能測量隊は訪れて測量している。第八次測量の最大の目的地屋久島、種子島の測量が終わり、人吉から忠敬が率いる本隊と坂部貞兵衛が率いる支隊に分け、坂部隊が九州山地を横断し、米良、椎葉を通る横切測量を行った。米良、椎葉は、現在でも山深い交通不便な地である。人吉市、日向市、西都市等から自動車で数時間をかけて山道を走り漸くたどり着く。坂部隊は、文化９（１８１２）年６月６日人吉を出発し、約６７０ｍの横谷峠を越え、谷に降りず山腹を歩いて約１、０２０ｍの一里山峠を越え、一ツ瀬川の支流の谷に降りた。この辺りは、津留谷村板屋谷と言い、一里山越えは、大難所であると測量日記に記している。大図を見ても、測線は細かく屈曲しており、険しい山中の道を測量して行った様子が窺われる。人吉盆地の湯前村から山越えして津留谷村まで1日で測量しているのは驚異的である。

津留谷村から天包越と称する山越えをして小河谷村まで測量する。途中津留谷村の本村（西米良村の中心地「村所」）まで米良川に沿っていく。甚だ危険な竹でできた橋を渡る。小河谷村は、交代寄合米良主膳の在所で、ここでも米良侯から贈り物があった。米良家は、肥後菊池氏の流れを汲む名家で戦国時代から米良荘を治めていた。

小河谷村から米良川（一ツ瀬川）の谷を山腹を巻いたり、危うい丸木橋を渡って谷を越したりと難行を重ねて、宮崎平野への出口杉安村に6月12日に到着した。その後、佐土原に出て都濃町まで無測で急行し、美々津川（耳川）を少し遡って標高約２９０ｍの蒲江峠を越え、小丸川の流域に入った。小丸川を遡って神門村から再び山中に入り、標高1、３３０ｍの笹の峠を越し、椎葉山を経て阿蘇に抜けた。椎葉山では、椎葉本村には向かわず、十根川村などを通り、標高約1、1６０ｍの胡桃峠を越して馬見原から阿蘇へと向かった。十根川は、

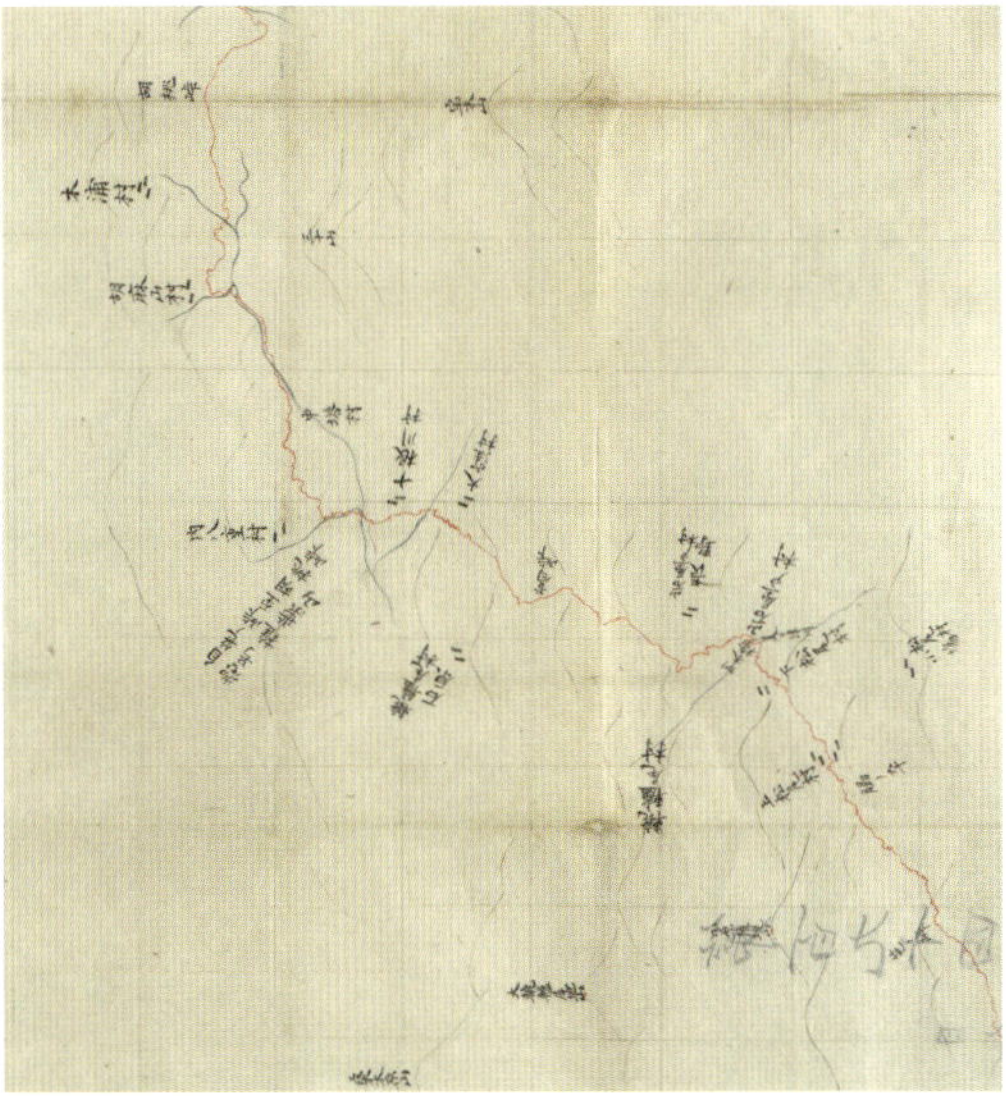

大図第194号椎葉（アメリカ議会図書館蔵）

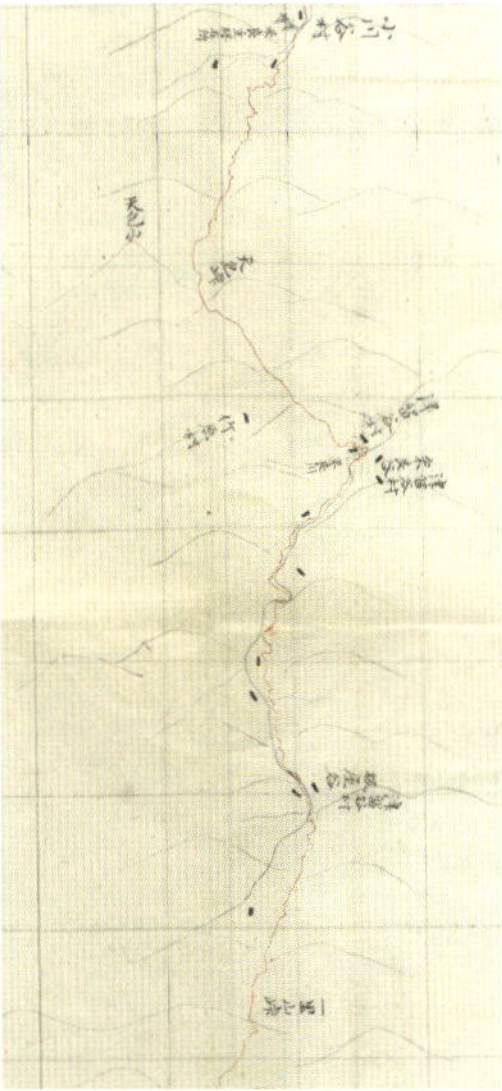

大図第197号米良（アメリカ議会図書館蔵）

現在も古い山村景観を残し、重要伝統的建造物群保存地区に指定される歴史と伝統の静かな山里である。

このように、九州山地に分け入り、１、０００ｍを越す峠を越え、危険の伴う河谷の横断も行って測量した。測量精度の確保のための横切測量であることは理解できるが、沿海測量が主目的であったにも拘わらず、何故ここまで山深い内陸の測量を行ったのか疑問が残る。忠敬が幕府からどのような命を受けていたかわからないが、おそらく外様大名の多い西日本の地理情報を求められていたのではなかろうか。

十根川集落重要伝統的建造物群保存地区

66　鹿児島で木星を観測し桜島を測る

文化7（1810）年5月8日、日向国の測量を終え、志布志の手前から薩摩藩領に入った。藩境には、それまで忠敬とは何回となく打ち合わせを行ってきた野元嘉三治ほかが出迎えに出ていた。野元は、第七次測量の間、薩摩藩領では終始同行した。志布志から大隅半島を一周して測量し、煙草で有名な国分を通って6月24日に鹿児島に到着した。国分の煙草の生産量は8，000斤であると測量日記に記している。大隅半島の測量は、海岸の地形も厳しく、波も荒くて大変苦労したようである。鹿児島着後藩主松平豊後守の使者千田龍右衛門が挨拶に出てくる。藩主から贈り物があり、野元嘉三治に預ける。

鹿児島城下には10日間逗留し、その間、市中の測量を行った。天文方下役下河辺政五郎以下8人は、桜島に向かい、順逆の二手に分かれて桜島の全周を4日かけて測量したほか、安永8年（1779）に始まった桜島大噴火の際に姿を現した新島の測量も行った。新島は、伊能図には「安永八年湧出新島」と記載されており、3つの島に朱の測線が描かれている。新島は、測量日記によれば、当初6島あったが、大島はその後消失し、第5の島も年々小さくなり立岩となってしまったと記している。現代の地形図を見ると、人家のある燃島とその他の3つの岩礁が残っている。燃島は、寛政12年伊能測量が始まった年に移住が始まり、伊能測量当時には既に人家があった。測量日記には、第1島は人家8軒と記している。

桜島は、有史以来活発な活動を続け、大きな噴火を繰り返しているが、かつては錦江湾中の島であったものが大正3（1914）年の噴火により大隅半島と陸続きとなった。大図を見ると、桜島と大隅半島の間は海峡となっており、山頂から噴煙の上がっている様子が描かれている。

忠敬と坂部は城下に残り、木星の衛星凌犯（P60参照）の観測を行った。毎夜のように恒星の観測を行い、また太

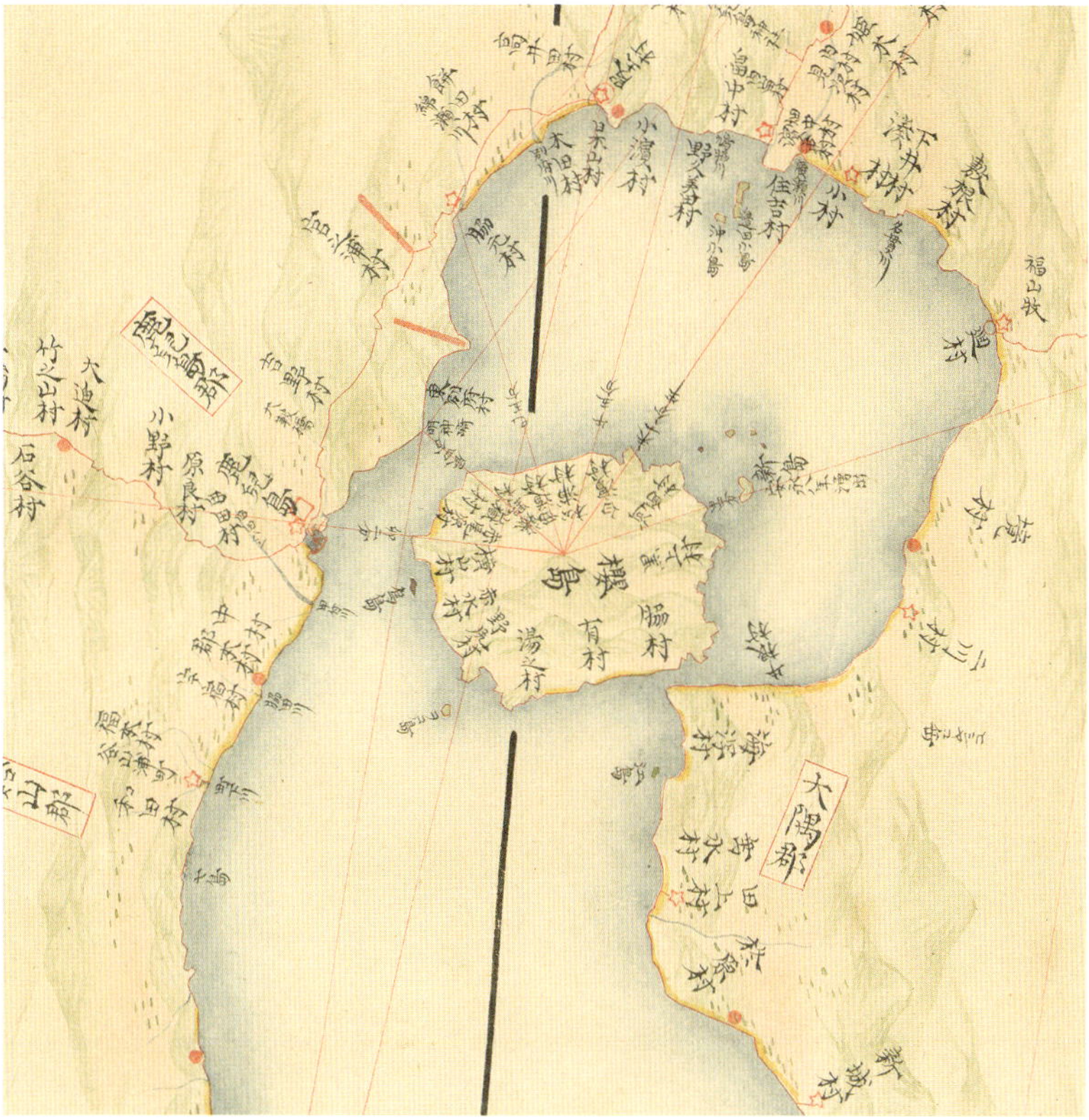

中図第８図鹿児島周辺（NISSHA株式会社蔵）

陽の南中を観測している。木星の４個の衛星の凌犯を観測しようとしたが、曇ってしまい不測に終わった。７月４日に鹿児島を出立し、薩摩半島を廻ったが、山川や加世田などでも木星の凌犯を測った。加世田郷片浦村では、垂揺球儀という振り子時計を用い、凌犯の開始と終了の時間を計ることができたが、その他は天候がよくなく不首尾に終わった。木星の衛星凌犯の観測は、経度測定のために行ったのだが、経度の測定は結局うまくいかず、伊能図の経度方向のずれは大きい。地図の作成に当たっても、緯線は予め設定することができたが、経線は測量データ展開後距離に基づいて書き入れている。

67 大船団を組んで屋久島・種子島に渡る

第七次測量では、本来であれば屋久島・種子島に渡海して測量を行うはずであった。しかし、この時は、生憎風の状態が悪く、一度江戸に戻り、改めて西九州、壱岐・対馬など残された部分を測量することとなった。屋久島・種子島への渡海が困難であることを薩摩藩から説明され、忠敬や天文方高橋景保は、屋久島・種子島の測量を断念するつもりであったが、幕府は測量を命じ、第八次測量において、鹿児島へと急ぎ屋久島・種子島に渡海することとなった。幕府にとっては、容易に地理情報を得ることのできない屋久島・種子島の測量は、伊能測量がここまで進捗すれば必須のものであっただろう。

文化9年（1812）3月2日鹿児島に到着した。8日には市中の測量を行っているが、その間の測量日記には記事が少ない。薩摩藩と打ち合わせを行い、渡海の準備をしていたのであろう。薩摩藩は、渡海に際して8艘の大船からなる大船団を組んだ。9日には荷物を船に積み込み、翌10日先ず山川湊に向かい出航しようとしたが、南風で船中に逗留した。一番船には忠敬と内弟子、二番船には天文方下役、三番船は荷物船である。四番船から八番船には、薩摩藩の役人、足軽、町人、測量手伝人足などが乗船した。忠敬らの船にも薩摩藩役人が同乗する。

このように、測量隊と薩摩藩からの役人、船頭、人足などからなる大船団であった。天候が悪く、結局13日まで船中に逗留し、13日午後2時頃出航し、夜中に山川湊の入り口に着いた。翌朝、晴天であったが南風で、山川湊に入り、上陸した。南風が続き、さらに逗留を重ね、22日に北風となったので出航したが、風向きが変わり、山川湊に引き返す。この間、20日には大地震があったと測量日記には書き留められている。さらに4日間山川湊に逗留し、27日、晴天西風で早朝6時過ぎに出航する。順調に航海を続け、夜10時前頃屋久島安房村に着船する。鹿児島出発から屋久島到着まで18日を要した。屋久島の測量は4月14日までかかり、15日から25日まで安房村に逗留し、26日に種子島に渡った。

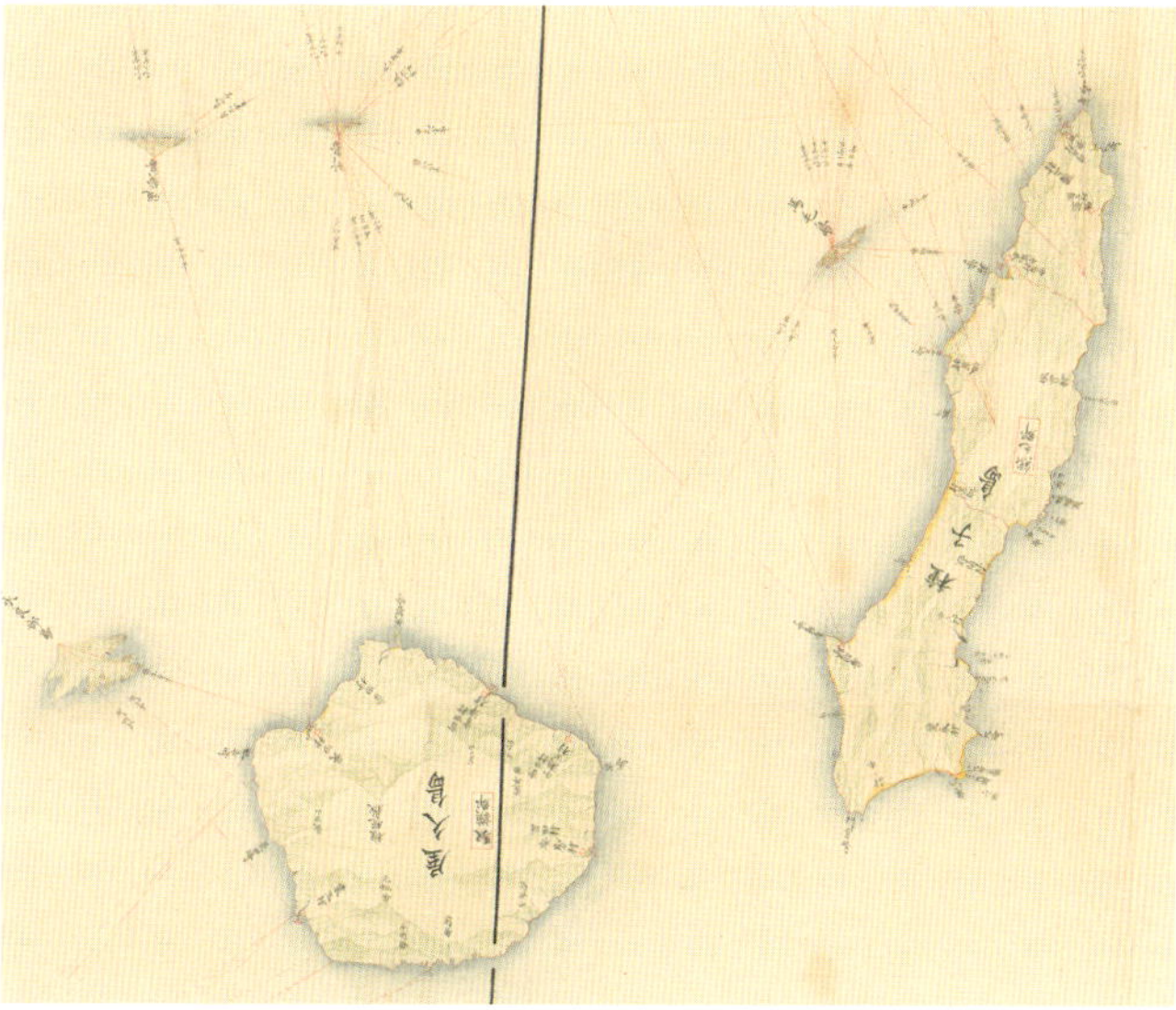

中図第８図屋久島・種子島（NISSHA株式会社蔵）

屋久島「伊能の碑」

「伊能忠敬種子島測量上陸の地」

種子島の測量は、1週間ばかりで終了したが、その後、雨が度々降り、風の具合が悪く、21日まで逗留し、22日に辰巳風（南東風）となり、午前10時前に種子島の赤尾木を出帆し、午後4時ごろ山川湊に着船、船中に宿泊した。翌朝7時ごろ山川湊を出港し、鹿児島に向かい、夕方5時過ぎ鹿児島城下に到着した。鹿児島城下には3日間滞在し、25日には薩州侯から料理が下され、薩摩名産の品々の贈り物があった。

68　天草の島々を測る

文化7（1810）年第七次測量において、屋久島、種子島への渡海を断念した伊能測量隊は、薩摩半島を廻り、九州西海岸を測進し、甑島に渡って甑島の海岸線も測った。串木野から測量隊を二手に分け、忠敬の本隊は、阿久根から薩摩藩領の北の端、現在の出水市の米ノ津まで測量して、天草諸島の長島に渡った。長島は、天草諸島に連なるが、薩摩国に属し、薩摩藩領であった。長島とその属島である蠣島、伊唐島、獅子島を約2週間かけて測量し、9月18日には天領であった天草下島の大多尾村に渡った。大多尾村には、肥前島原藩主松平主殿頭の家来が出迎えに出ている。その他各村の庄屋などが多数出迎えに出る。薩摩藩で終始伊能測量隊に付き添った野元嘉三治ほかの役人は、大多尾村まで同乗して一行を送り帰藩して行った。忠敬は、この様子を測量日記には淡々と記しており、感想めいたことは一切記していない。心中では、感謝の気持ちとやれやれという気持ちが混ざった心境であったろう。そして、これからの天草測量への期待と村役人との応対について思いやったのではないだろうか。

坂部貞兵衛率いる支隊は、串木野から鹿児島に戻り、人吉から八代まで球磨川に沿って測量し、更に水俣まで下って天草に渡った。8月21日に串木野で本隊と別れて後、9月20日に天草下島大多尾村に渡り、中田村で本隊と1ヶ月ぶりに合流した。このような行程管理と連絡をどのように行ったのであろうか、現代のような携帯電話がある時代ではない。江戸との手紙のやりとりも的確に行われており、綿密な行程の調整と通信の手配が伊能測量隊においても、幕府や各藩においても的確に行われていたことが窺える。

天草下島から天草上島、大矢野島、御所浦島ほか附属の島々を廻り、上島、下島を横断する横切測量も行った。上島でも二手に分け、坂部の支隊には、上島の北半分と大矢野島を担当させている。天草では、当時天然

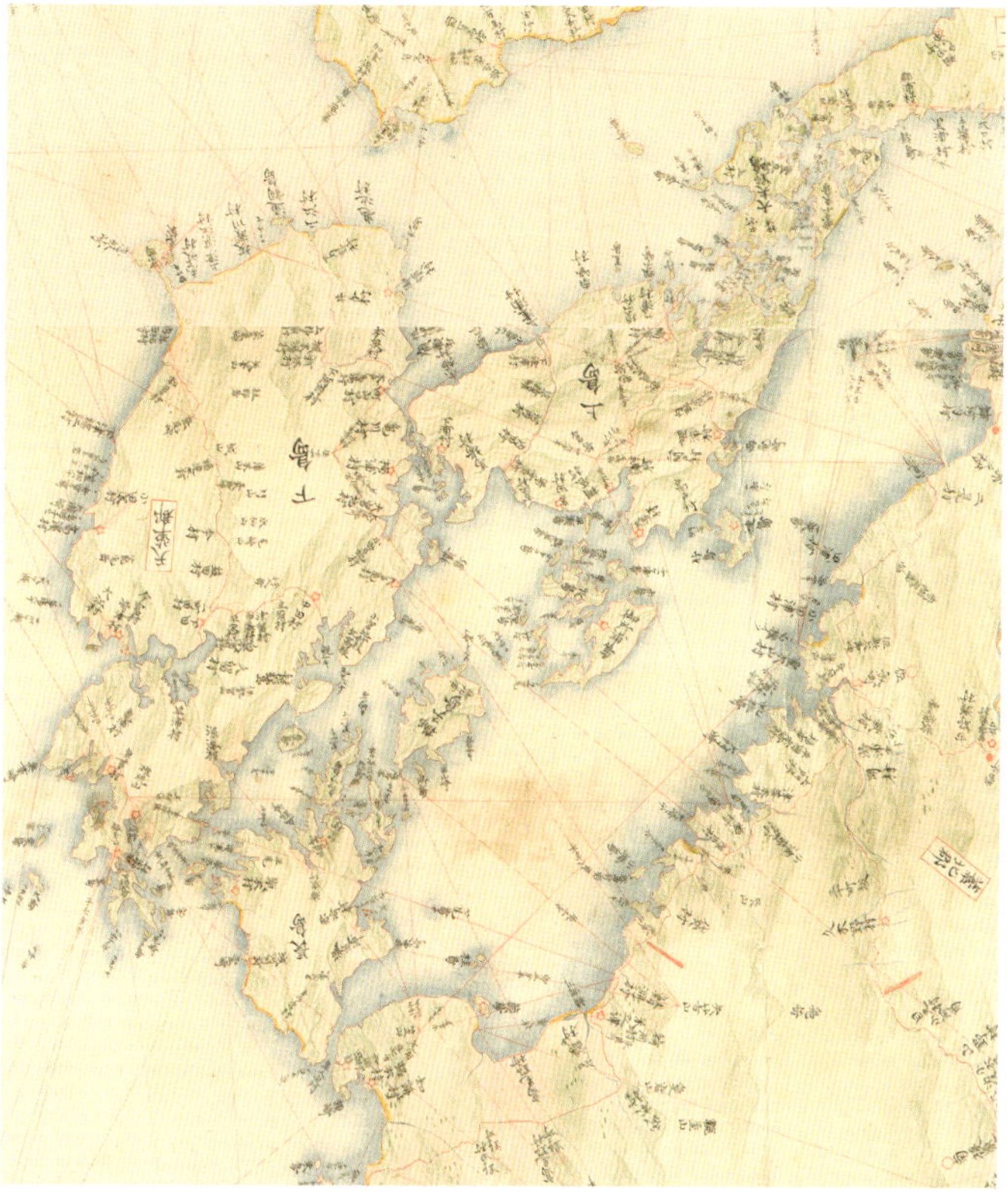

中図第７図及び第８図（接合）天草諸島（NISSHA株式会社蔵）

痘が流行していたようで、測量日記には、牛深村附属のいくつかの小島について「疱瘡人捨場」との記載がある。おそらく天然痘で死亡した人を村から離れた小島に葬ったのであろう。また、上島でも天然痘の患者が出ているので集落から離れた海際の山上を測ったと測量日記に記している。「疱瘡人捨場」で測量することに躊躇した様子は測量日記の記載からは読み取れない。

天草諸島は、海岸線の出入りが複雑で測量には約3ヶ月弱を要し、11月12日の午後10時ごろ御所浦島を出帆し、忠敬本隊は佐敷へ、坂部支隊は八代へ翌朝着船した。

69 壮麗な熊本城を描く

第七次測量での天草測量後、二手に分かれ、忠敬の本隊は、佐敷から球磨川に合流するまで測量し、あとは無測で人吉の城下まで行った。そこで人吉城主相良侯から進物を受けている。そして、球磨川を船で下り八代で坂部の支隊と合流した。一方坂部の支隊は、八代付近を測量して本隊の到着を待った。通常であれば高齢の忠敬は楽な行程を取ることが多いが、この時だけは、既に坂部隊が測量を済ましていた人吉まで忠敬は出向いているのである。どのような都合があったのかわからないが、相良侯の挨拶を受ける必要があったのであろう。人吉に到着する前日にも相良侯から贈り物を受けている。幕府の役人としての忠敬の立場を物語っている。

肥後藩領に入ると肥後藩天文測量方の池部長十郎という人物が出迎える。この人は、肥後藩の分間絵図を作成するため、忠敬の測量に同行し、その成果を利用している。伊能流測量から学んだことには大きいものがあっただろう。池部長十郎は門弟もいたようで、門弟も忠敬に挨拶に出向かせている。

文化7（1810）年11月19日八代を出立した一行は、宇土半島を廻り、肥後藩領の北端である筑後国との境まで測量し、山鹿を廻って12月9日に熊本城下に入った。この間、11月22日には、7日に暦局から至急報で出した天文方下役下河辺政五郎の親の不幸の知らせが届く。下河辺は、すぐ測量作業から引き戻され、喪に服し、宿所も他の隊員と別となる。引き籠もりが明けたのは月が替わり12月1日になってからだった。

熊本城下には13日まで滞在し、14日には阿蘇へと向かった。熊本城下では、市中の測量を行ったほか、加藤清正を祀った神社に参拝し、清正が信仰した日蓮宗本妙寺の寺宝を見学したり、蓮台寺にある謡曲「檜垣」の主人公平安女流歌人檜垣の碑（塔）を見ている。忠敬は、名所旧跡や文化財には相当な関心を持ち、測量のかたわら訪ねている。それらの故事来歴についても相当な知識を持っていたように思われる。

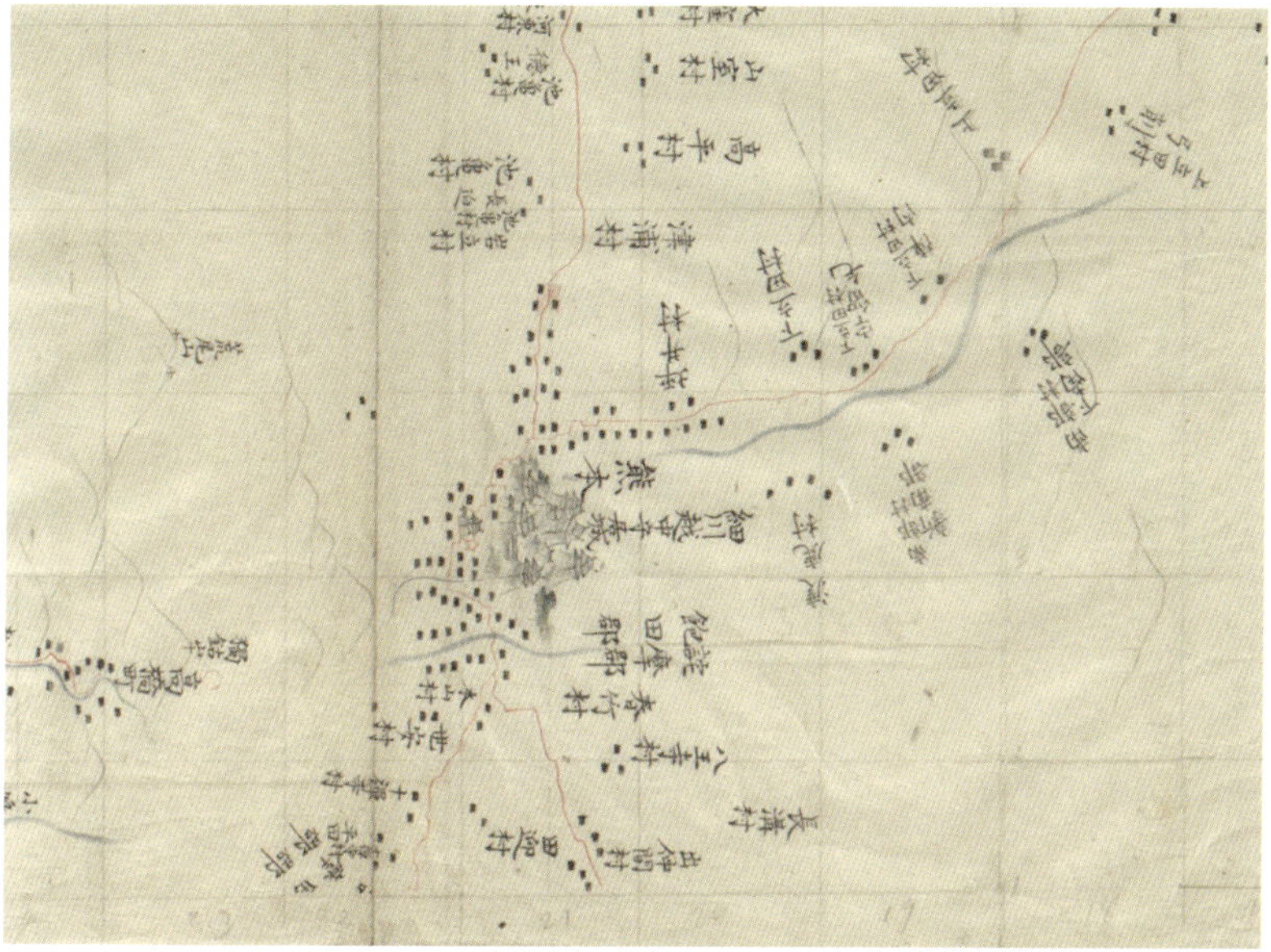

大図第193号熊本周辺（アメリカ議会図書館蔵）

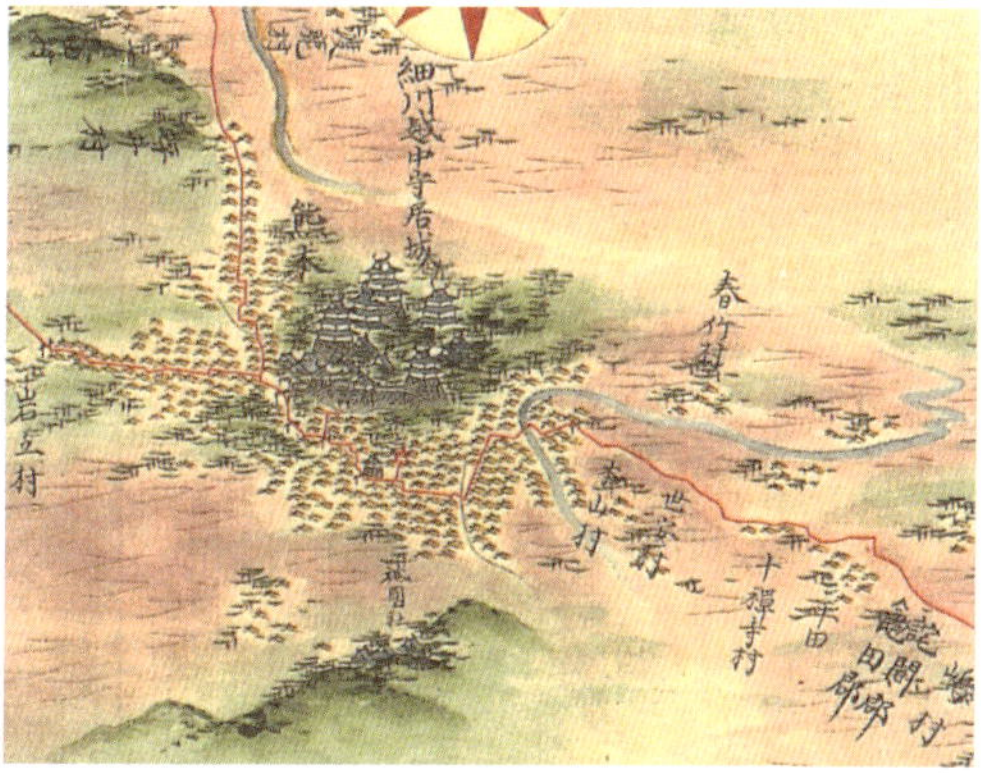

［作品番号］C0047541［作家名］伊能忠敬［作品名］九州沿海図巻第18(部分)(北は左)［所蔵先名］東京国立博物館［クレジット表記］Image: TNM Image Archives

大図には、熊本城が描かれているが、各地の城の中でもひときわ壮大に描いている。掲載図は、明治初期に陸軍が伊能家の控図から模写したものだが、焼失してしまった幕府に提出した正本では、更に壮麗な熊本城が描かれていたに違いない。第七次測量の終了後描かれた「九州沿海図」（重要文化財・東京国立博物館蔵）の熊本城の描かれ方はすばらしく、正本はいかばかりであったかと思わせる。

70 都府楼跡や古代の防塁・城郭を訪ねる

第八次測量において、屋久島、種子島の測量を終えた伊能測量隊は、本隊と支隊とに分かれ、日向から肥後、筑前、肥前と大部分の行程を分かれて測進した。第七次測量では、海岸線を測量していったが、第八次では、九州を横断する横切測量を行ったのである。忠敬の本隊は、小倉から玄界灘に沿って測量し、文化9（1812）年8月4日に博多へ到着した。その間には、宗像神社、志賀神社、香椎宮、筥崎宮などの神社を参拝し、その社前まで測量している。測量日記にもそれぞれの神社の由緒や御朱印高などの記載が詳しい。志賀島では、委奴国王の金印のことも記している。

博多には、7日まで逗留し、町内の測量とともに住吉神社その他の古社名刹を廻り、狩野山楽や永信、隠元、栄西の書画などについて蘊蓄を傾けている。福岡城下も測量し、家老の屋敷の間を測量して廻った。この時長崎番の交替があり、11艘の船の帰藩に遭遇した。長崎番の家の幟が立ち並び、太鼓を鳴らして湊に入ってきたと測量日記に記している。

博多を出立後、忠敬の本隊は、唐津、伊万里、佐賀を廻り、再び筑前国に入って太宰府に向かい、太宰府政庁であった都府楼跡や観世音寺、国分寺を測量した。一方、坂部の支隊も別の測路をとり、9月26日に宰府村に到着した。ここで本隊と支隊は合流し、太宰府天満宮の一の鳥居まで測量した。太宰府天満宮の境内にある社殿や別当寺である延寿王院の由緒や建立者のことなど詳しく測量日記に記している。社領は千石で、黒田侯から2千石、有馬侯から150石、立花侯から100石の寄附ありと記述されている。

大図には、国分寺、都府楼旧跡、観世音寺、天満宮、延寿王院などの注記が施されている。また、岩屋跡と書いているのは、古代の朝鮮式山城である大野城の跡であろう。水城村関門跡と書かれているのは、現在もよく残っている古代の防塁、水城跡である。忠敬本隊は、宝満山（標高８２９ｍ）に登り、山頂にある竈門神社まで測量している。このとき70才に近い忠敬は、登らなかったようである。測量日記には、鎖坂が2カ所あり、道狭く険阻であると記されている。一方、坂部支隊は、宇美村産宮（宇美八幡神社）まで向かい、社前の大鳥居まで測量している。大鳥居で打止めとし、至近の測線につなげていない。神社の位置を明らかにしたかったのであろう。宝満山では英彦山や背振山などの方位角を測っている。宝満山は交会法の目標としてもその方位角を各所から測られている。

大図第187号福岡周辺（アメリカ議会図書館蔵）

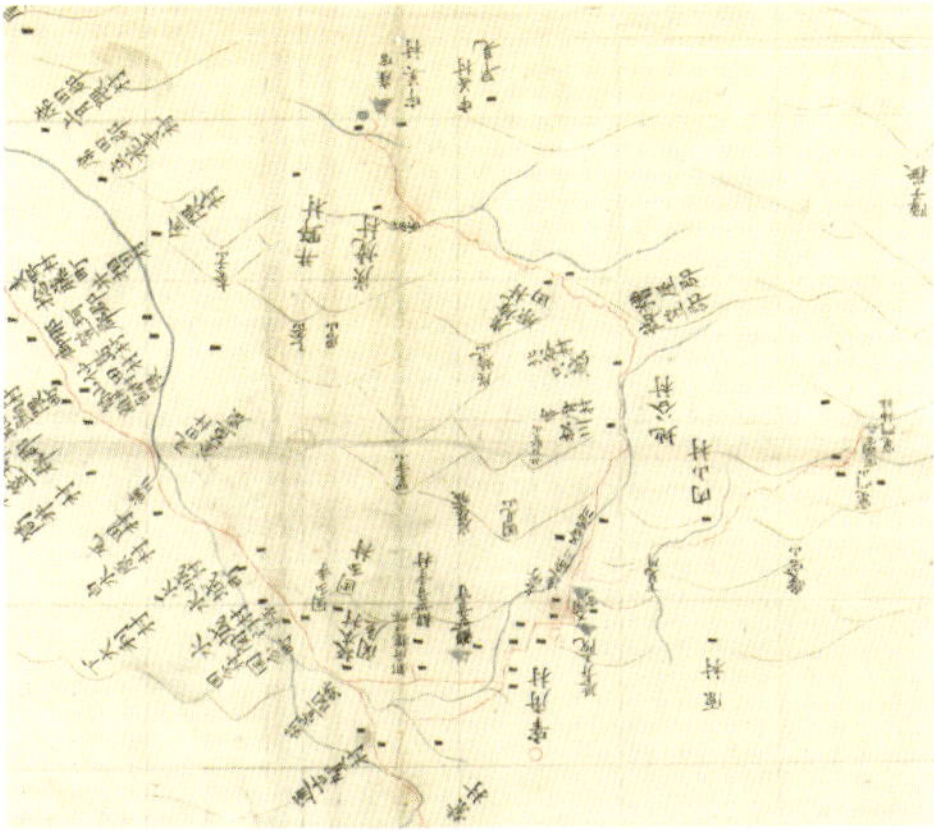
大図第187号太宰府周辺（アメリカ議会図書館蔵）

都府楼跡（大宰府政庁跡）

大宰府天満宮

71　筑紫平野を隈無く測量する

忠敬最後の全国測量となった第八次測量では、筑豊から西、筑紫平野や佐賀平野など西九州一帯を詳しく測量している。他の地方と比べ、筑豊地方、筑紫平野、佐賀平野は、測線の密度が最も高い地域となっている。福岡藩、久留米藩、佐賀藩、柳川藩と言った有力外様大名の領地が錯綜する地方であることも、測量が詳細になった理由のひとつかもしれない。

文化9（1812）年8月8日に福岡城下を出立した忠敬本隊は、唐津城下から伊万里へ玄界灘に面する海岸を測量し、附属の島々も全て測って、伊万里から9月19日に佐賀城下に入った。佐賀城下から対馬藩の飛び地があった田代町を経由して太宰府に向かい、秋月城下を廻って10月8日久留米城下に到着した。田代町は、現在鳥栖市の一部であるが、対馬藩の陣屋があった。久留米城下から柳川城下は近く、忠敬本隊は、有明海に沿って測量し、島原へと向かっていった。一方、坂部支隊は、別の測線を測量し、久留米から現在の八女市の周辺を測量して、柳川城下で本隊と合流した後、さらに三池（大牟田市）を廻って同じく島原へと向かった。

各城下には、必ず忠敬本隊がまず到着し、そこに坂部の支隊が合流している。各城下では、藩主の使者が来て贈り物がある。対馬藩領の田代町でも対馬藩侯から贈物があった。贈物についていちいち品目を記していないが、佐賀藩主からは、鯔《ぼら》の味噌漬け1桶を頂戴している。このような珍味を頂くのは珍しい。

忠敬も各藩城下では失礼のないよう気を遣ったに相違ない。各城下で本隊と支隊が合流するよう測量行程を調整するのも苦労があったに違いない。このような行程の調整を忠敬自ら行っていたのか、あるいはそのための掛がいたのかよくわからないが、荷物の管理担当者が指名されていたところを見ると、行程調整の掛もいたのではないかと思われる。連絡手段の限られていた時代ではあるが、行程がばらばらになることは決してなかった。

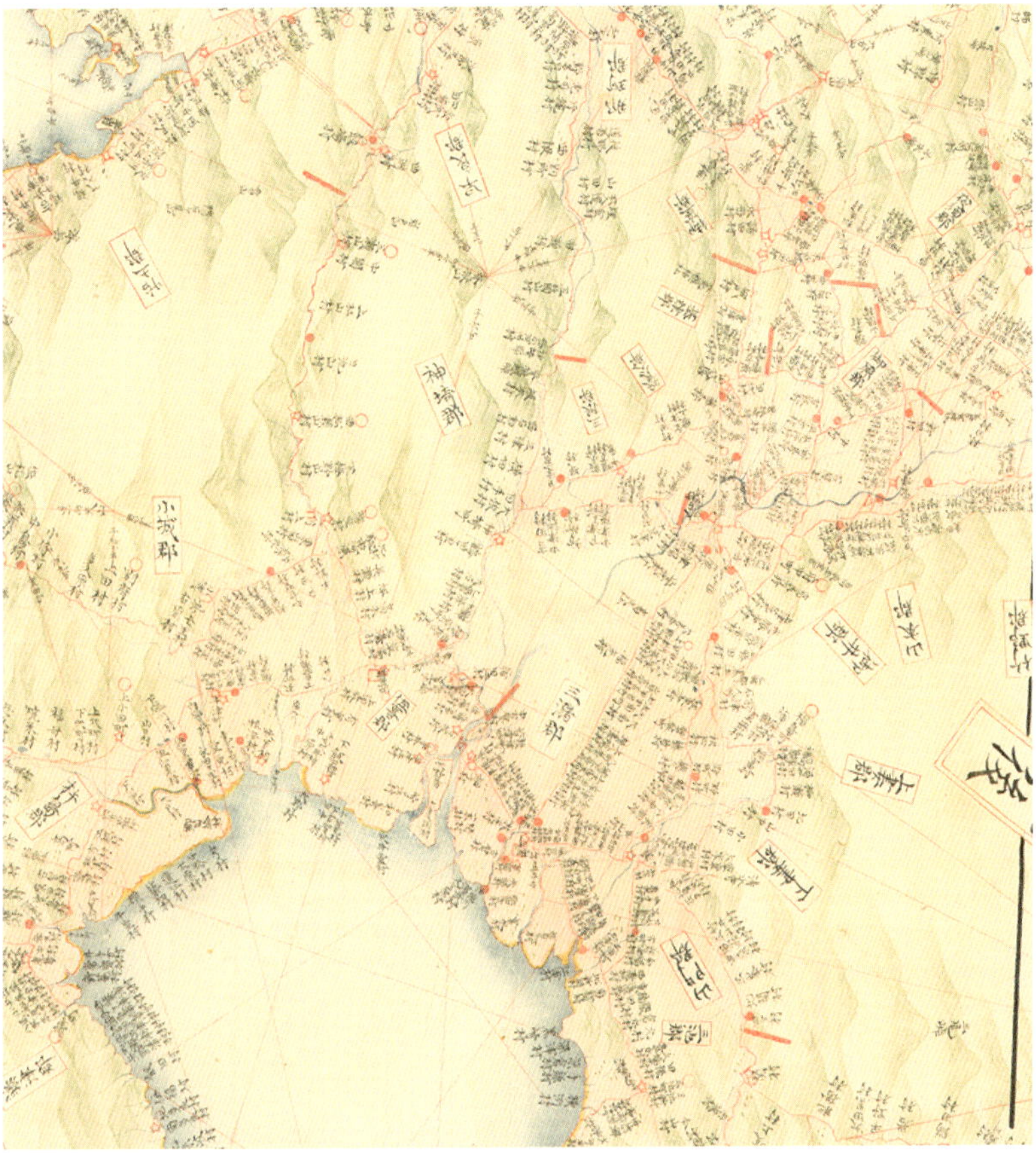

中図第７図筑紫平野（NISSHA株式会社蔵）

佐賀藩では、東嶋平橋という藩士が出てきて藩領内を付き添った。この人は、第五次測量において、人手不足となり、幕府に増員を願い出たときに候補に上った人である。測量術の嗜みがあり、象限儀なども所有していた。しかし、佐賀藩士で他の隊員と比べると身分的に高く、槍持や供の数が増えて対応できないと言うことで忠敬が難色を示し、測量隊に加わることはなかった。

72　「島原大変肥後迷惑」の跡を測量する

寛政4（1792）年2月に始まった雲仙火山の噴火活動は、多くの地震を伴い、5月21日島原背後の眉山が大崩壊を起こし、その土砂は有明海に流れ落ちた。そのため、大津波が発生し、肥後の対岸に押し寄せ大災害となった。島原の海は、崩壊土砂により埋められて海岸線が前進し、多数の島が形成された。「島原大変肥後迷惑」と称され、15,000人の犠牲者が出たと言われている。

大図を見ていただくと細かい島が沢山描かれている。現在も島々は残っており、九十九島と名付けられている。しかし、島の数は伊能図に比べるとかなり少なくなっており、200年の間に消失したのであろう。伊能測量隊は、これらの島々のほとんどすべてを測量した。

第八次測量において、佐賀から測進してきた伊能測量隊は、1812（文化9）年11月6日島原城下に到着した。島原城下には、10日まで逗留し、城下と寛政4年の新島を詳細に測量した。測量日記には、この時の測量の経過が詳しく書かれており、市中の測量では、測量杭を分岐点に多数打設している。地方測量《じかたそくりょう》の繫に杭を打ったとの記事もあり、島原大変の復旧事業で測量が行われていたことを示している。また、島原大変以前には町であったが現在は田畑になっている等の記事も見え、災害により城下の土地利用の状況も変わり、崩壊土砂に覆われたところも田畑が開墾されていることが窺われる。

新島の測量は、その周囲を測量し、各島間の距離も示しており、島から島へ間縄を渡して測ったことがわかる。これらの新島は形成されてからまだ日が浅く、おそらく植生と言えるものはなかったであろうから、測量自体は単純なものであったろう。測量され島名の記載された58の島が描かれている。

島原を11日に出立し、2手に分かれて島原半島一周を測量した。忠敬本隊は、南に廻り島原の乱で有名な原城の跡を地元の83歳の古老の案内で廻った。大図には、古城まで測線が描かれている。老人は委細に演説したと測量日記に記し、その内容は不審であると言っている。相当荒唐無稽な話を長々とされ辟易したのであろう。

一方坂部支隊は、島原から半島を横断して小浜に出た。小浜は有名な温泉地であるが、湯壺即ち源泉が3ヶ所あり、海岸に湧き出すものは、満潮時には海中になるので、干潮の時に入浴したと記している。湯に浸かり気持ちよかったであろう。現在も、海岸に共同の露天風呂がある。

大図第196号島原周辺（アメリカ議会図書館蔵）

17日に小浜で合流し、翌日は、7時ごろまで雪模様であった。先手の忠敬本隊は、6時ごろ出発し、雲仙に登り地獄まで測量している。大図には、温泉湯壺、地獄、満明寺の注記があり、鳥居の記号も描かれている。往復して千々石村の宿所に着いたのは夕方6時頃であった。

73 平戸から壱岐・対馬に渡り朝鮮の山を測る

島原半島の測量を終え、大村城下、佐世保村を経由して平戸城下に到着したのは文化10（1813）年1月29日である。平戸藩は、藩侯松浦静山自ら忠敬を江戸の藩邸に招き、平戸藩領の地図作成を依頼している。忠敬没後、弟子の保木敬蔵が地図を作成して平戸藩に贈呈し、礼金ほかを頂戴している。平戸島、壱岐、五島、長崎の大図のほか、参勤交代の行路であった瀬戸内海を中心とした中図などが平戸市の松浦史料博物館に所蔵されている。

平戸島を測量したのち、鷹島、福島、生月島、的山《あずち》大島など肥前北部の島を測量し、壱岐に渡った。壱岐に上陸したのは、3月13日であった。壱岐では、平戸藩の郡方、村役人などが出迎えに出たが、その中にいた対馬藩郡方中村郷左衛門は、2月6日にわざわざ対馬から渡航して忠敬到着を1ヶ月以上待っていた。中村郷左右衛門は、忠敬に挨拶して対馬の元禄度国絵図を見せる。忠敬は、この国絵図はなかなか良い出来であると褒めた。そこで中村は、対馬藩には精度のよい国絵図があり、対馬島内の測量は省略できないだろうかと陳情するのである。忠敬は、天文観測もやらねばならず、対馬に渡ってからまた相談しようと答えた。

壱岐には、3月27日まで約2週間滞在し、島内を隈無く測量した。海岸線はもちろんのこと、島内を縦横に横切測量を行っている。特に多数の神社の社前まで測量し、大図には、社前まで分岐した測線と神社名が詳しい。測量日記の中でも神社についてその祭神、社領、神主などについて詳しく記載している。平戸藩侯に献上した松浦史料博物館所蔵の壱岐の大図は、色彩豊かで美麗な図である。

壱岐を28日に出航し、対馬の府中（厳原）に着いた。対馬藩の郡奉行と中村郷左衛門が出迎えている。例によって藩侯から贈り物が届き、翌29日から府中城下を測量する。対馬上島と下島との間の浅茅湾のリアス海岸

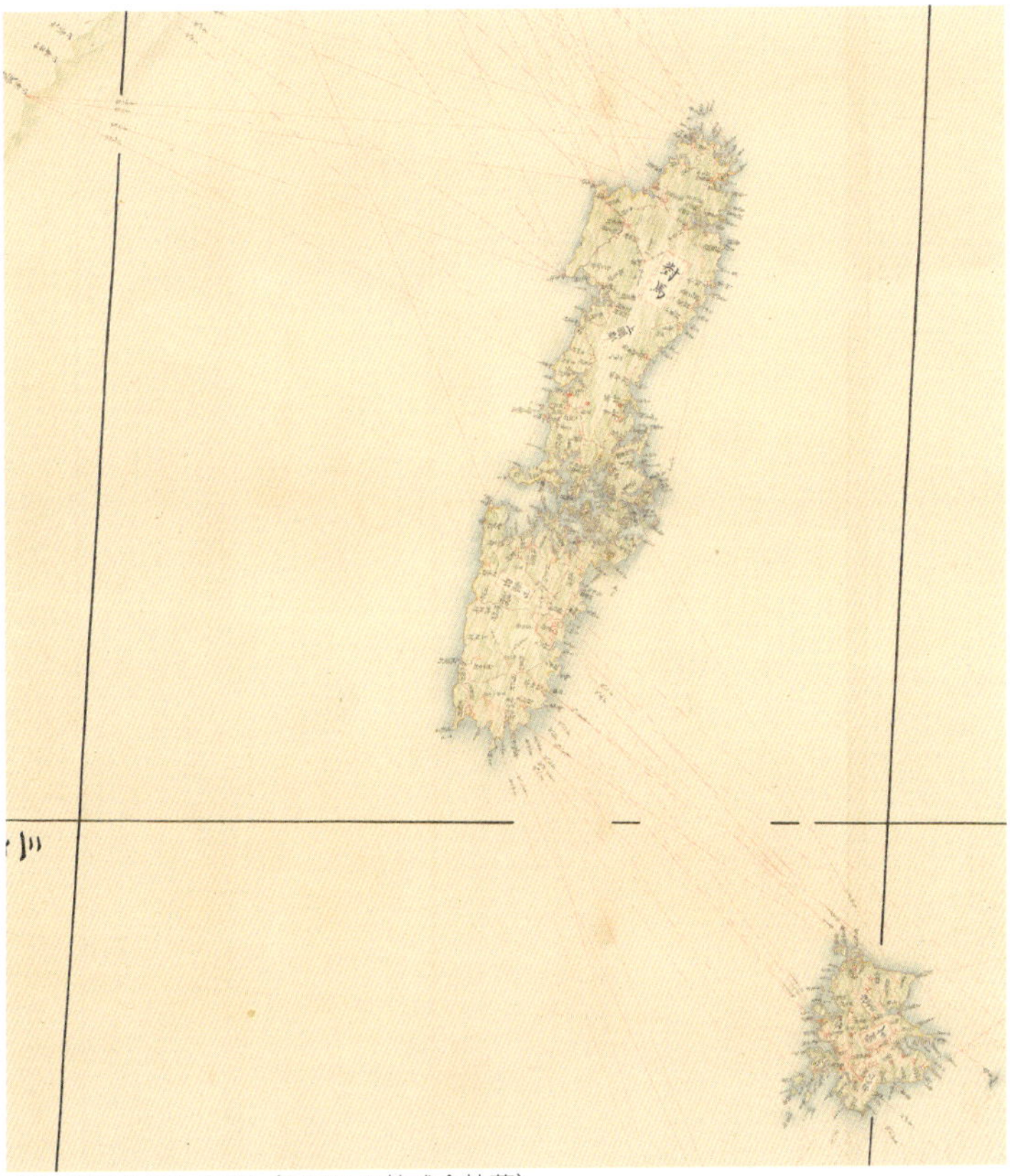

中図第７図壱岐・対馬（NISSHA株式会社蔵）

など入り組んだ海岸線を丁寧に測り、横切測量も多数の測線で島を横断させている。対馬藩の陳情にも拘わらず、対馬の測量に約2ヶ月をかけた。

対馬の大図には、朝鮮との外交を幕府に任されていた対馬藩ならではの記載も多い。府中城下には、朝鮮使節が滞在する朝鮮館が描かれている。測量日記には、朝鮮からの漂流民を収容する「朝鮮舎」の記述もある。対馬北端の鰐浦村、佐須奈村には、湊の記号とともに朝鮮国渡海と注記されている。対馬からは、朝鮮半島の山も測っている。伊能忠敬は、初めて大陸と繋いだ実測図を作成したのである。

74　五島列島で忠敬の右腕坂部貞兵衛を失う

五島列島は、忠敬にとっては痛恨の地であった。片腕として信頼していた副隊長格の坂部貞兵衛が五島列島で病気のため亡くなったのである。

対馬の測量を終え、1813（文化10）年5月22日府中を出航した測量隊一行は、壱岐の勝本浦を目指したが、平戸の田助湊に午後5時頃到着した。船中に宿泊し、五嶋藩士の来訪を受けた。彼らは、勝本浦で忠敬一行を月初めから待っていたという。翌朝、江戸からの書状が届き、坂部の母が亡くなったと言う知らせがあった。坂部は、この後28日まで測量作業には参加していない。

田助湊を朝6時頃出港し、昼の2時頃宇久島平村に着いた。五嶋藩の役人や村役人が多数迎えに出ている。5月29日から、測量隊を本隊と坂部支隊の二手に分け、多島海の複雑で険阻な海岸線を測量する。五島列島の測量には約70日を費やした。

坂部隊は、6月20日に五島列島中部若松島に附属する日之島に到着する。日之島に逗留して測量するが、測量日記には24日に「坂部風邪引籠」との記述がある。そして27日には、福江へ移った。一方、忠敬の本隊は、6月29日に福江に到着し、逗留して周辺の島や疱瘡小屋のある海岸などを詳細に測った。疱瘡小屋は、藩主が建てたもので大村から来た5人の疱瘡人がいると測量日記に記している。

坂部の病気は長引き、7月3日には本隊支隊とも福江を出立し、坂部は快癒次第追いかけると言うことになった。しかし、坂部は快方に向かわず、13日には、福江島の南端玉之浦にいた忠敬に重病であることが伝えられ、翌日急ぎ福江に戻るが、15日未明坂部貞兵衛は亡くなった。チフスであったと言われている。忠敬は、早速江戸の天文方役所に坂部死亡の知らせを出し、翌日夕方葬儀を営み、福江の浄土宗芳春山宗念寺に葬った。五嶋藩主も坂部の病気には家臣や藩医を派遣するなど大変心配し、手を尽くしたが効がなかった。五嶋藩は、３日間歌舞音曲を停止して坂部の死に弔意を示したと言われている。

中図第７図五島列島（NISSHA株式会社蔵）

坂部貞兵衛墓（五島市福江宗念寺）

坂部の死後、坂部の所持金などを調べ、身の回りの品々、書物などを調べた。測量日記には、極めて事務的に坂部死後の処理のことが記されており、坂部の死についても「坂部貞兵衛病気養生不相叶於福江町命終」と極めて客観的に記している。忠敬は、娘に宛てた手紙に坂部の死によって大変気落ちしたことを書いている。私は、この極めて簡潔な文章に江戸時代の人々の死生観が込められているのではないかと思っている。

75　異国への窓長崎を入念に測る

対馬、五島の測量を終え、五島と九州本土との間の平島、江ノ島、崎戸島などを測量して、西彼杵半島に渡り、半島の西側を測量して長崎へ向かった。文化10（1813）年8月17日、長崎の浦上村まで到達し、稲佐郷に止宿する。長崎に近づくと、山の上には遠見番所や塩硝蔵があるとの記述が測量日記に見られる。不寝番所、五番台場と言った記述も見られ、蘭船や唐船の帰船に役人が詰めているなど、長崎ならでは風景も見えてくるようである。止宿先の本陣には、長崎村の庄屋や測量掛の乙名2名などが挨拶に来る。翌日長崎町に着くと、測量掛の2名が再びやってくる。長崎奉行所の役人も挨拶に来る。測量掛は、伊能測量への対応のために臨時に任命されたのであろう。

長崎には9月2日まで逗留して市街と近郊の測量を行った。長崎市街の測量は詳細を極め、測量日記には、測量した市街各町の名称が測量の道順に従って延々と書き連ねられており、島津、鍋島、黒田など九州諸藩のほか長州藩の大名屋敷や奉行所役人の屋敷、町年寄の屋敷などの所在も記述されている。寺社ももちろん詳しく述べている。思案橋や眼鏡橋もその渡り幅を記している。出島の周囲も測量し、鍋島藩と黒田藩で交替して駐在した番所のことも記している。この時は、黒田藩が当番であった。

大図を見ると、長崎の市街を縦横に測量した測線が描かれている。出島阿蘭陀屋敷、新地唐人荷物蔵の注記があり、長崎奉行所の立山役所、中国様式で有名な崇福寺（国宝）なども地図に描かれている。そのほか、くんちで有名な諏訪神社など多数の寺社が注記され描かれている。長崎については念入りに測量し調査したことが地図と測量日記を合わせてみるとよくわかる。

長崎の市街と近郊の測量を終え、8月29日には地図と諸帳を調べ、9月1日には、出島阿蘭陀屋敷と象を見

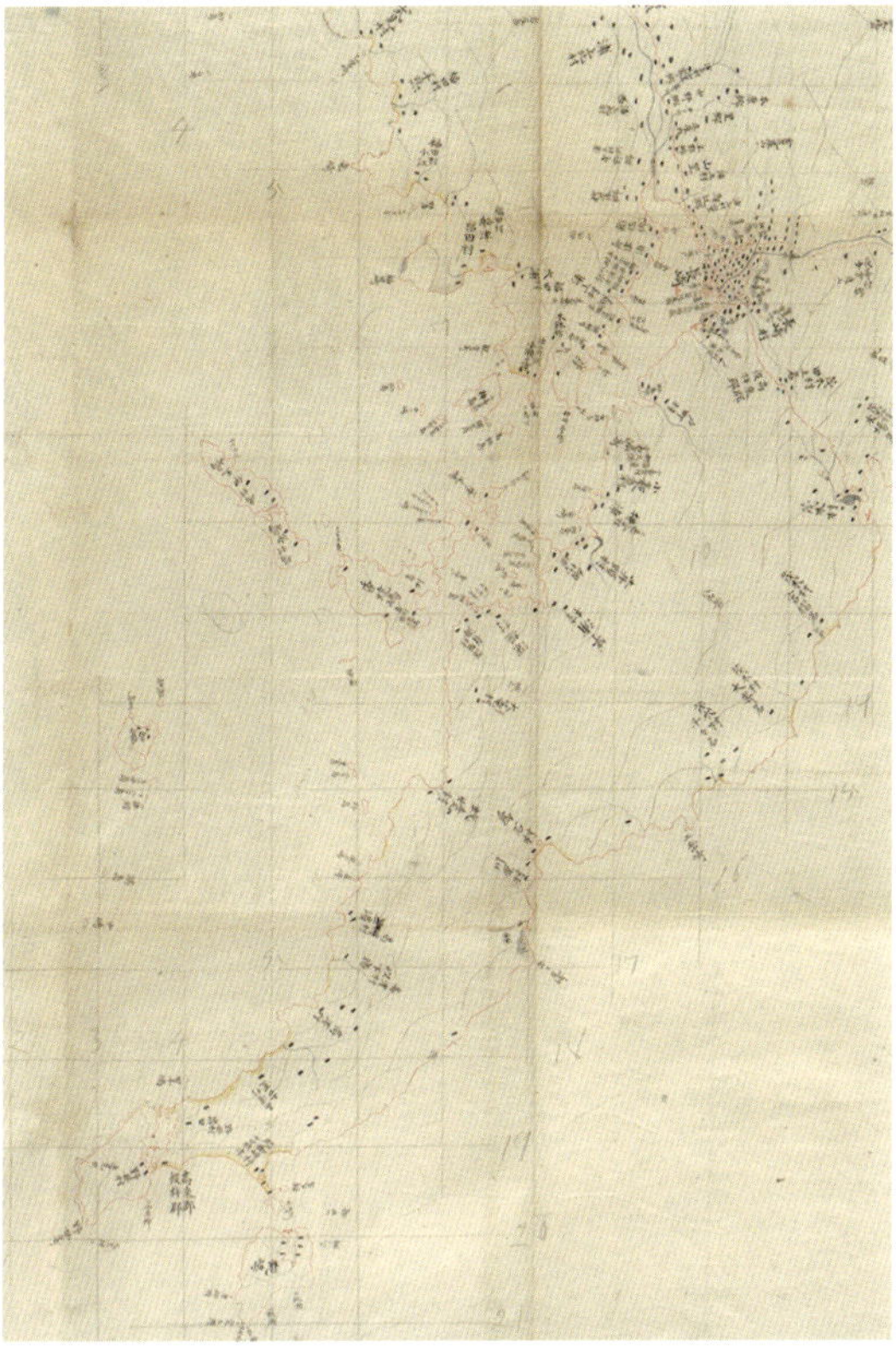
大図第202号長崎周辺（アメリカ議会図書館蔵）

たと測量日記に記している。出島に入ったのであろうか。そして、9月3日には地図を仕立てたと書かれており。長崎の測量の成果をまとめ下図を作成したのであろう。
　この後、野母崎を廻り、16日に再び長崎を経由して佐賀の嬉野、武雄、筑豊地方などを測量して本州に戻り中国、近畿、東海、信濃をさらに詳細に測量して江戸に戻ったのは、翌年の5月23日であった。忠敬が歩いた全国測量はこれにて終了した。第九次の伊豆七島測量に高齢の忠敬は参加せず、天文方下役と弟子により行われた。東から西まで忠敬の足跡を追った物語は、これにて終了とする。

あとがき

伊能忠敬が率いた測量隊は、全国の4万キロに近い距離を測量して廻り、その測量手法は、現代から見れば、道線法と交会法という極めて初歩的な手法であったにもかかわらず、それまでの絵図を超えた実測による日本図を完成した。天文観測を行い、経緯度を求めようとしたところに近代性の萌芽は見られたが、伊能測量は、あくまで近世測量の頂点に立ったものであり、近代測量は、明治の時代を待たねばならなかった。

しかし、伊能測量の成果は、日本の近代測量が軌道に乗るまで、国家の地図整備に利用され、少なからず寄与したのである。伊能忠敬の業績は、その後百年にわたる後世に大きな影響を与えたと言って過言ではない。また、伊能忠敬の全国測量は、忠敬の隠居後の業績であり、その生き方は、現代の高齢化社会においても現代人に大きな感銘を与えている。

伊能忠敬の全国測量は、彼の人格のなしえたところではあるが、師高橋至時の指導、忠敬の経済力、幕府の支援、各地での官民の協力など、ひとつとして欠けたとすれば、成功しなかったであろう。測量日記からは、測量の行程と面会した人物についての記述、寺社を中心とする各地の地理的情報などの記載を通じて、それらのことが伝わってくる。

本書では、伊能図と測量日記を材料に伊能忠敬の全国測量の足跡を辿ってみた。筆者の思いつくままに統一性もなく、各地で興味をそそられることについて気の向くままに書いたものである。しかし、これにより、苦労も多かった全国測量の実態や忠敬の人となりについて、朧気ながらその姿を瞼の下に思い描くこともできるかもしれない。伊能忠敬の全国測量に興味を持たれた方は、さらに伊能忠敬について書かれたものを通読されるとよろしいのではないかと思う。

本書の上梓に当たっては、公益社団法人日本測量協会に大変お世話になった。特に、刊行部長浦郷武夫氏には、出版に至る細かい作業全般にわたって先導していただいた。また、日刊建設工業新聞社には紙面における連載の出版を許可いただいた。記して感謝申し上げる次第である。

著者略歴

星埜由尚

1946年生まれ
1968年　東京大学理学部卒業
1973年　東京大学大学院満期退学
公益社団法人日本測量協会顧問
公益社団法人東京地学協会副会長
元国土地理院長
著書に
『伊能忠敬』（山川出版社）
『完全復元伊能図』（伊能忠敬研究会）
別冊太陽『伊能忠敬　歩いて日本地図を作った男』（平凡社）

伊能忠敬の足跡をたどる

2018年5月28日　発行Ⓒ　　定価（本体1,680円+税）

著　者　　星　埜　由　尚

発行者　公益社団法人　日本測量協会
東京都文京区白山1-33-18
電　話　03-5684-3354

印刷・勝美印刷(株)　　落丁・乱丁はお取替いたします